和杰里米一起

ENJOY WINE

乐享葡萄酒

［澳］杰里米·奥利弗 著

林静 严轶韵 华志远 译

中国旅游出版社　　时尚 TRENDS

Copyright © Jeremy Oliver 2009

图书在版编目（CIP）数据

和杰里米一起乐享葡萄酒／（澳）奥利弗著；林静等
译.—北京：中国旅游出版社，2009.4
　ISBN 978-7-5032-3669-3

　Ⅰ.和… Ⅱ.①奥…②林… Ⅲ.葡萄酒－基本知识
Ⅳ.TS262.6

中国版本图书馆CIP数据核字（2009）第042146号

书　　　名：和杰里米一起乐享葡萄酒
作　　　者：（澳）杰里米·奥利弗
译　　　者：林静 严轶韵 华志远
责任编辑：潘笑竹　孙晓鸥
执行编辑：潘洋
装帧设计：柴维娜
策　　　划：北京时尚博闻图书有限公司
　　　　　　　http://www.book.trends.com.cn
出版发行：中国旅游出版社
　　　　　　（北京建国门内大街甲9号　　邮编：100005）
　　　　　　http://www.cttp.net.cn mail:cttp@cnta.gov.cn
　　　　　　发行部电话：010－85166507／85166517
经　　　销：全国各地新华书店
印　　　刷：北京世艺印刷有限公司
版　　　次：2009年4月第一版　2009年4月第一次印刷
开　　　本：889mm×1194mm　1/32
印　　　张：8
印　　　数：10000册
字　　　数：160千字
定　　　价：46.00元
书　　　号：ISBN 978-7-5032-3669-3

序

（本照片由《橄榄美酒评论》提供）

也许对您来说，选择一本由澳大利亚人专门为中国读者撰写的中文葡萄酒书籍，是一件非同寻常的事。我为您的选择感到无比欣喜，因为这次选择证明了您具有开阔的视野。要想快乐地享用葡萄酒，具有开阔的视野至关重要，否则您将无法真正地欣赏葡萄酒的多样性和它不断为人们带来惊喜的美妙感受。

在中国种植第一株葡萄树，并酿造葡萄酒已经有将近两千年的历史。如今，许多中国人正在史无前例地真正体验葡萄酒及其迷人文化所带来的乐趣与魅力。

与中国相比，现代澳大利亚是一个十分年轻的国度，但我们拥有200年丰富的葡萄酒制作与享用的历史和传统。作为一个群体，澳大利亚人也十分开明与直率。我们喜欢如实地表达事物，更享受将我们所做的和所知道的与大家分享的快乐。

葡萄酒已经成为当代澳大利亚文化举足轻重的一部分。所以自然而然，作为一个从事葡萄酒著作撰写与教育已达25年的澳大利亚人，我热切希望能够鼓励和帮助中国的朋友们更多地了解葡萄酒。随着葡萄酒在中国人日常生活中地位的日渐重要，许多被中国消费者所享用的佳酿也正是我自己的选择。

虽然本书带有浓郁的澳大利亚风味，但是它的目标读者是任何想更了解葡萄酒的爱好者。本书介绍了什么是葡萄酒，葡萄的生长与葡萄酒的酿造，如何品尝葡萄酒，如何侍酒，如何陈年，如何窖藏；讲述了葡萄的丰富品种、产区以及他们之间的协同关系；讨论了什么是年份，年份的差异，年份的选择；更就为什么有些葡萄酒比其他酒品尝起来风味更佳，有些具有更长的窖藏潜力，而又有些更适合搭配中国的美食等问题作了相应的解释。

与此同时，我就读者在学习葡萄酒过程中经常遇到的一些问题给予了回答。葡萄酒有它自己的语言，但它不应该让人觉得困难或者生畏。我尽力使人们更容易理解、获得和享受葡萄酒，希望在您的葡萄酒探索之旅中助您一臂之力。

本书最后还随附了290多款在中国有售的澳大利亚佳酿，包括我的品尝要点和评级、酒标以及我估计的最佳品尝期，这些或许能帮助您进行选择。

能为中国的读者带来这本走近葡萄酒的书，我感到无比兴奋。我经常访问中国，也十分享受与中国人的交流和中国博大精深的文化。我相信，这本书能够帮助中国人打开葡萄酒世界的大门，尽可能地让更多人享受葡萄酒所带来的乐趣。

诚挚希望，您是其中一份子。

杰里米·奥利弗（Jeremy Oliver）

于澳大利亚墨尔本

2009年1月

目 录

第1章

关于葡萄酒

什么是葡萄酒

无论对谁而言，葡萄酒都是独一无二的存在。也许你能够不假思索就享用它——一种比啤酒和烈酒更适合你的口味的单纯饮品；也许你同许多欧洲人一样，把它当作一种食物——一种每天与朋友或家人吃饭时首先想到的饮品；又或者你将它看作一种专业的工具——一种你认为在事业攀升中需要掌握的知识。

你也许会发现葡萄酒十分有趣，它带来足够的乐趣让你觉得有必要收藏几款珍爱佳酿。或者葡萄酒已然成为了你的兴趣，一种充满魅力的真正的痴狂，因此你会经常品尝、阅读并讨论有关葡萄酒的话题。你甚至可能陷入其中而无法自拔，你的朋友们可能会因此给你敲警钟，当然不排除他们最终也被你劝服，乐意分享同好。

无论它是什么，对全世界越来越多的人而言，葡萄酒已经成为了生活中愈加重要的一部分。它也许是西方精致生活方式的缩影，但事实上，如今它已经成为了亚洲以及中东地区餐桌上的常客。葡萄酒更是一种世界语言，能够将本没有什么共通点的人们联系起来，它清除了障碍，打破了疆界，并常常给我们带来惊喜与挑战。它连接着有记载的人类早期文明，而它的巨大魅力更将持续至未来。谁将会酿制出下一年的佳作？他们会在哪里酿制这些葡萄酒？顶级佳酿的寿命有多长？当这些葡萄酒到达巅峰期的时候又会呈现出何种特征？

葡萄酒是一门艺术，也是一门科学。正如所有的艺术品一样，葡萄酒对感官的明显作用（外观、香气、风味）令人赞叹不已。人们能够睿智地欣赏它，色泽、香气和风味的差异给葡萄酒带来的不同特点和微妙差别一直都是人们谈论的话题。科学的高速发展为酿酒师和种植者们发挥各自的艺术才能和天赋提供了坚实的基础。当自然环境，譬如糟糕的季节，以及难以控制的发酵过程不断挑战酿造者创造出达到预期水平葡萄酒的能力的时候，科学就能够提供最好的帮助和答案。

两到三杯的适度饮用能够将葡萄酒使人放松、提神、精神焕发的特征发挥出来。事实表明，葡萄酒有利于减少心脏病的发病概率，延年益寿。葡萄酒还含有微量的维生素和矿物质元素，它能加快人体对矿物质的吸收，帮助消化酸性物质，舒缓紧张的情绪。

千百年以来，葡萄酒一直是诗人、作家、作曲家以及艺术家的灵感来源。从古到今，它一直被喻为是一剂良药、瓶中的阳光、文明的扣眼和世界上最有修养的事物。路易斯·巴斯德（Louis Pasteur）曾经这么说过："一餐没有葡萄酒就像一天没有阳光。"

葡萄酒激发了我们的想象力，并敦促我们付诸行动，它也总能和我们荣辱与共。当其他饮料和混调饮品努力奋斗以保持口感一致的时候，葡萄酒的魅力却恰恰在于其丰富的差异性。葡萄园、年份、酿酒师、酒窖、品种、食物搭配以及窖藏时间等都会使葡萄酒品尝起来不一样。如果你愿意，你可以永无止境地学习葡萄酒知识。这也是一次你个人风格的长途旅行。

葡萄酒加知识等于享受

　　虽然只有你自己能够决定你想要了解多少葡萄酒知识，毫无疑问的是，你对葡萄酒了解得越多，就越能享受到它所带来的乐趣。千万不要奢望在不学习如何分辨葡萄酒的前提下，葡萄酒会主动将其迷人之处和复杂性清晰地展现在你面前。

　　我听到的最多的来自葡萄酒饮用者的评论之一是"我也许对葡萄酒了解得不多，但是我知道我喜欢哪种葡萄酒"。虽然我可以礼貌性地同意这种观点，但也很容易和他们去争论一番。在对葡萄酒知之甚少、缺乏品尝经验的情况下，他们怎么能够知道自己喜欢的究竟是哪一类酒？他们又怎么可以断定没有比他们日常所选的更符合他们口味的葡萄酒？

　　如果你对葡萄酒了解得不多，也不用觉得尴尬。不过就我个人经验而言，更多的知识能给你带来更多的乐趣。从事葡萄酒写作25年以来，非常值得庆幸的是我从来没有对此感到过厌倦。即使只了解一点点，你就可以尝试根据食物、心情和预算来选配合适的葡萄酒，你也可以根据好友的热情与对葡萄酒的了解程度来选择，甚至还能够用它来搭配音乐！

这本书以一种更容易被读者接受的方式叙述了葡萄酒知识以及如何享用葡萄酒。它具备知识性，但又平易近人。葡萄酒不应该让任何人转变成为胡言乱语的假内行，虽然只有天知道，这种情况却时不时地发生。但错并不在葡萄酒本身。

我曾经试图努力弄清为什么有些人既非出于健康原因也非出于宗教原因而不愿品尝葡萄酒，但是不幸的是我还是失败了，我没有找到原因。为什么呢？在如今葡萄酒变得如此亲近、方便、物美价廉且对健康有着一定帮助的时候，难道还有人不愿意享用它们吗？

澳大利亚在葡萄酒世界里的地位

澳大利亚酿酒史的起源要追溯到1791年新南威尔士州第一任统治者建立了第一个葡萄园。在随后的几个世纪里，澳大利亚逐渐成为了一个对欧洲和美国都十分重要的葡萄酒出口国。1893年的全球经济消沉导致了澳大利亚酿酒业急速衰退，在这之后就爆发了第一次世界大战。

第二次世界大战之后，澳大利亚葡萄酒产业的雏形才得以形成，并发展至今。澳大利亚并不是一个世代消费葡萄酒的国家，但是那些参加欧洲国家战争的澳大利亚士兵们把葡萄酒带回了祖国。此外，来自意大利、希腊和北欧的大量移民也推动了澳大利亚市场对葡萄酒的需求。

多元文化是现代澳大利亚城市的显著特征，不同国籍的人们在此聚集，他们中的大多数仍然保持着各自的美食传统。当你漫步在墨尔本街头，你可以随处看到提供不同国家美食的餐馆，而葡萄酒也是美食体验的常规部分。

澳大利亚的葡萄酒几乎与其人口分布一样形色各异。它拥有大约100个不同的产区，2200多家酒厂，其中约70个产区已经获得了官方认可。如今，17万多公顷的葡萄园酿造出的葡萄酒被销往世界100多个国家和地区，澳大利亚也因此成为了世界第四大葡萄酒出口国。

仅仅在15年前，澳大利亚人才开始

认真考虑将国家发展成葡萄酒出口国。如今，澳大利亚在葡萄酒出口上的成功已经重新定义了全世界对葡萄酒的看法。以鼓励灵活性和责任感为基础，澳大利亚葡萄酒产业通过其价格合理、香味馥郁的葡萄酒以及巧妙的国际品牌发展推广策略成功打开了葡萄酒市场。无论在哪里，当人们享用葡萄酒的时候，都能马上记起利达民、玫瑰山庄、杰卡斯、黄尾袋鼠这些耳熟能详的名字。

对澳大利亚葡萄酒产业来说，所面临的一个新挑战就是如何集中力量推广已经建立的地域性意识，并且将最优质的具有地区特色的葡萄酒推向世界。从某种程度上说，澳大利亚在推广其低价品牌葡萄酒上的巨大成功使许多葡萄酒出口市场都忽略了其创造真正反映产区和地域特征的葡萄酒的能力。虽然澳

大利亚标志性的葡萄酒如奔富的葛兰许（Penfolds' Grange）、翰斯科的神恩山（Henschke's Hill of Grace）和吉宫的霞多丽（Giaconda's Chardonnay）都享有很高的国际知名度，但是酿造者们和营销家们现在都不得不高度重视世界葡萄酒市场日渐严峻的挑战。

在澳大利亚，大部分的土地都是未受污染的净土。葡萄栽培者们正逐步减少或某些情况下杜绝在葡萄园中使用化学药剂，葡萄种植朝着有机方向发展。作为世界上最干燥的大陆，澳大利亚的葡萄酒产业接受着气候条件的挑战，但是环保也受到了极大的重视，从而确保可持续发展的未来。

主要葡萄品种

几个世纪以来，种植者们和酿酒师们选用不同的葡萄品种来酿制能够反映产区个性及特征的葡萄酒。欧洲不同地区以及中东地区有着上百种葡萄品种，但是只有少数几种成为了如今被广为熟知的主要或"高贵"的品种。这些品种与各自产区之间形成了强有力的协同关系，成了一种身份的标识。

举例来说，我们常常把法国波尔多地区和赤霞珠及梅鹿辄，意大利奇昂第地区与桑娇维塞，德国摩泽尔河地区与雷司令，法国勃艮第地区和霞多丽及黑比诺联系在一起。

经过几个世纪的精炼，葡萄品种特有的香气、风味和质感已经成为了各个品种特征的阐释。虽然几乎所有的葡萄酒都是由欧洲葡萄藤（vitis vinifera）同一科种的品种酿制而成，但这些品种之间的差异就像我们在水果店买不同品种的苹果之间的区别。

此外，如果这些葡萄品种被种植在良好的环境下，无论种植在哪里，它们都能够以一种可辨识的方式演绎品种在风味和质感上的特征。换句话说，一旦你了解了霞多丽的口感，你就能够大概知晓一瓶贴有"霞多丽"酒标的葡萄酒的特征，无论它来自澳大利亚、美国、智利或是其他地区。

然而，对于像澳大利亚这样年轻的葡萄酒酿造国的种植者和酿酒师来说，要确定何种葡萄品种最适宜当地的环境需要花费不少时间。因为多数情况下，并没有葡萄种植历史的记载能够提供明确答案。虽然澳大利亚的葡萄酒酿酒史已有200年，但是许多声望很高、令人振奋的产区只有30年的历史。然而在这样短的时间里，我们就已经能够看到某些葡萄品种与对应葡萄酒产区的特殊联系以及协同关系。

以下是现代澳大利亚葡萄酒产业最重要的葡萄品种。

白葡萄品种

阿内斯 Arneis

阿内斯起源于意大利皮埃蒙特地区的罗埃洛丘陵地区，如今在气候较凉爽的维多利亚和塔斯马尼亚地区十分流行，特别是在莫宁顿半岛地区。这个白葡萄品种酒体饱满圆润、较干，并伴有生梨、苹果和杏的香气。余味柔顺带有明显的酸度。

霞多丽 Chardonnay

霞多丽是起源于法国勃艮第的经典白葡萄品种，同时也是世界上最流行的葡萄品种之一。较凉爽地区酿制的霞多丽葡萄酒口感紧实收敛；较温暖及炎热产区的霞多丽则呈现出圆润柔滑的风格，更多汁，更成熟。凉爽地区的霞多丽葡萄酒散发着清淡略带辛辣的香气，带有生梨、苹果和白桃的气息；较温暖产区的霞多丽则散发着更多油桃、热带水果和柑橘的气息，余味比起凉爽地区霞多丽脆爽、以及矿物味集中的口感带有更加柔滑轻柔的酸度。

较好的霞多丽通常在发酵之后会放入橡木桶中陈年一年从而进一步完善酒的结构，增加酒的复杂度，因为霞多丽酒的香气和酒体通常都需要通过酿酒过程来加强。这个品种能够充分发挥酿酒师的个人风格。

虽然价格相对较便宜的霞多丽在其年轻的时候最受欢迎，但其在储藏过程中酒体会变得更加丰富和厚重。然而，只有顶级霞多丽的陈年时间可以超过5年。

虽然澳大利亚种植的大多数霞多丽被用来酿制干白型葡萄酒，不过其中的一部分也被用来酿制起泡酒。

白诗南 Chenin Blanc

白诗南起源于法国的卢瓦尔河谷。用它酿制出的酒果香浓郁，口感馥郁，散发着香水和桃子的香气并伴有草本气息。一些白诗南在装瓶时会有一点甜味。通常白诗南的陈年过程十分迅速，陈年后会带蜂蜜和吐司味，但同时仍然保持着新鲜度和活力。

格乌兹塔明娜 Gewürztraminer

格乌兹塔明娜是所有白葡萄酒品种中最辛辣且芳香最馥郁的品种。最好的格乌兹塔明娜能够散发出强烈的花香与玫瑰油的香气，紧随而来的是甘甜浓重的类似荔枝、热带水果的风味以及麝香的辛辣口感。顶级的格乌兹塔明娜产自凉爽的地区，那里的气候条件能保留住新鲜度和酸度。这个品种通常陈年十分迅速，那些在温暖季节或温暖地区出产的格乌兹塔明娜很有可能经过几年瓶中陈年后就变得油腻与厚重。

玛珊和胡珊 Marsanne & Roussanne

北部隆河谷白葡萄品种玛珊和胡珊在100多年前就已经被引入雅拉谷（维多利亚地区）。如今它们被种植在维多利亚中部地区以及一些分散的其他地区，如布诺萨谷（南澳）、玛格丽特河（西澳）和格里菲斯（新南威尔士）。

玛珊最早是赫米塔希和克罗斯-赫米塔希的主要白葡萄酒品种。年轻的玛珊新鲜、充满活力，散发着本草、

柑橘、和忍冬植物的香气，并且能够发展成为口感持久、结构紧实、带烧烤味和甜味、风味极佳的馥郁型白葡萄酒。无论是年轻的酒还是陈酒，都会受到人们的青睐。这个品种具有鲜明的个性，并且与众不同。

胡珊则更具潜力、更有趣，它的精致度和紧实度使其能够与玛珊完美地混调在一起。胡珊本身散发着草本的香气，带辛辣味，口感单薄，而余味柔和，带活泼的矿物酸度。通常，在澳大利亚或者法国隆河谷地区，这些品种会被混调在一起，制出的混调酒完美地融合了玛珊的良好结构和胡珊的丰满特点。

灰比诺 Pinot Grigio/Pinot Gris

灰比诺是澳大利亚最新流行的主要品种之一。Pinot Grigio和Pinot Gris其实指的是同一个白葡萄品种——灰比诺。如今，在欧洲有两大风格的灰比诺。一种是由黑比诺变种而来的粉色葡萄，来自法国。最出名的产区是阿尔萨斯，在那里灰比诺又被称作"Tokay d'Alsace"。另外，灰比诺也被广泛种植在意大利北部伦巴第（Lombardy）、上阿迪杰（Alto Adige）和弗留利-威尼斯朱利亚（Friuli-Venezia Giulia）地区。

标注"灰比诺"的葡萄酒通常酒体丰富、干型且充满诱人的梨子、桃子和杏的味道以及玫瑰油和麝香的气息。早收型的灰比诺通常适合在年轻时期饮用，那时通常酒质紧实、有白垩土风味，带有坚果、柑橘的香气，余味极佳，并有较干的矿物酸度。

雷司令 Riesling

雷司令是德国著名的莱茵河和摩泽尔河地区的主要葡萄品种。虽然欧洲大多数以此品种酿制的葡萄酒品尝起来都或多或少地带有甜味，澳大利亚酿制雷司令的传统却是以干型为主，不带糖分。不过，现在也有人酿制欧洲风格的雷司令，做法则是在每升的葡萄酒液中保留几克残糖。

虽然年轻时通常十分新鲜、充满活力与清爽，但雷司令也是能被酿制出一些最适合窖藏的白葡萄酒品种之一。年轻的雷司令散发着白色花朵、酸橙汁和柠檬皮的诱人果香并伴有绿色苹果和生梨的气息（凉爽产区出产的雷司令尤为明显）。在瓶中陈年阶段，雷司令的酒体会变得愈加丰满厚重，同时它的口感也变得更加甘甜柔滑，带有烧烤味。

在澳大利亚，你会发现一些晚收型雷司令葡萄酒通常会加入贵腐霉（Botrytis cinerea）或贵族霉（noble rot），使得风味更加集中馥郁，这种做法在德国也十分常见。

澳大利亚的雷司令在许多地区都能够良好地生长，特别是在南澳的克莱尔谷和伊顿谷以及西澳的大南部地区。克莱尔谷的雷司令果味浓郁、不甜并带有柑橘的香气；而伊顿谷的雷司令通常都带有粉笔味和矿物味。西澳大南部地区的优质雷司令则花香更为馥郁，口味更辛辣，带有集中的酸度和矿物的气息。

长相思 Sauvignon Blanc

长相思是目前世界上最受欢迎的白葡萄品种,在澳大利亚亦是如此。凉爽的阿德莱德山地区(南澳)生长着澳大利亚最精致的长相思。这个葡萄品种能够显现出水果和蔬菜的两种截然不同的特征。它的果香大多类似西番莲、醋栗和荔枝的香气,偶尔也会带有黑醋栗的气息;而它散发出的蔬菜味则是淡淡的新鲜割下的青草味、辣椒甚至是芦笋的香气。

长相思在较凉爽的气候中表现突出。在澳大利亚,大部分长相思种植于较温暖的地区,因此它们往往和赛美蓉混调在一起,从而增加口感持久的风味以及余味的新鲜度和活泼性。

正如法国卢瓦尔河谷(葡萄的起源地)有着最精致的长相思,澳大利亚最佳的长相思也同样带有白垩质感,余味伴有矿物气息,并能与食物很好地搭配。

维欧尼 Viognier

维欧尼是来自法国北隆河谷Condrieu和Grillet酒庄的稀少品种,特点是酒体丰满圆润,带有杏和柑橘花的异域香气,余味持久,带辛辣味、粉笔味以及柔和的酸度。无论是正式的宴会或是户外用餐,维欧尼都十分适合,并且最好是趁它还未过巅峰期前享用。如今,它与南澳大利亚伊顿谷和阿德莱德山区的关系正变得越来越紧密,并且在维多利亚的吉龙和澳大利亚首府领地堪培拉等产区都显示出了其不俗的潜力。

少量的维欧尼也常被用来与西拉混调,这一做法效仿了法国隆河谷经典的西拉-维欧尼。

雷司令

长相思

维欧尼

维德和 Verdelho

　　用维德和酿制的葡萄酒通常是酒体饱满、香气馥郁、口感多汁、圆润和浓郁的干性葡萄酒。带有草本和辛辣香气，并伴着醋栗、番石榴和桃子的果香，而余味又如燧石般清新。经过几年的陈年后，酒体会变得饱满，口感如蜜般甜。即使是较细腻、酸度较高的葡萄酒也会变得十分甘美，并且有如同甘油一样的口感。

赛美蓉 Semillon

　　另一种法国白葡萄品种赛美蓉，既适合长时间窖藏也能够在木桶中陈年，从而增强精致的草本、柑橘和瓜类的风味。澳大利亚酿制100%赛美蓉最好的地区是猎人谷（新南威尔士）。赛美蓉在年轻时通常十分单调，柠檬味和粉笔味突出，但是成熟后的猎人谷赛美蓉会变得更加芳香馥郁、更柔滑、更具复杂性，带有持久的黄油烘烤味、蜂蜜味和香料味。传统的赛美蓉不使用橡木陈酿，寿命却能持续几十年。

　　南澳的克莱尔谷生产的赛美蓉香气更刺激，更多汁，也更活泼，经过橡木桶短暂的陈酿就能够表现出不俗的瓶中陈年潜力。而同样位于南澳的布诺萨谷出产的赛美蓉则更加大气、绵密和厚重，通常需要在橡木桶中陈酿一段时间。

　　赛美蓉持久的口感和它清新、刺激的酸味正好能增强长相思风味的持久力和复杂度。这种法国波尔多传统的混调，如今在澳大利亚也十分盛行。

　　赛美蓉也是少数能够被制成饱满、甘美的贵腐甜酒的白葡萄品种之一。

赛美蓉

红葡萄品种

芭巴拉 Barbera

芭巴拉是一个通常带有辛香味，特别是胡椒香气的红葡萄品种，起源于意大利北部皮埃蒙特地区。那里出产的芭巴拉红葡萄酒易入口、中等酒体，偶尔会散发出不寻常的汽油和尼古丁气息。在澳大利亚，芭巴拉通常被酿制成易饮的葡萄酒，果香浓郁、樱桃/浆果香气宜人，单宁干而细腻。

品丽珠 Cabernet Franc

品丽珠与它的近亲品种赤霞珠有着许多共同特点，但是它的特性则需要通过与其他品种混调来演绎。它通常会与赤霞珠和梅鹿辄混合在一起，这样，它所散发的轻微红浆果风味、淡淡的草本香气、丝绸般柔滑的单宁以及收敛的辛辣味就能为葡萄酒的复杂性和良好的结构添砖加瓦。

梅鹿辄 Merlot

梅鹿辄是波尔多地区第二大重要的红葡萄品种，比赤霞珠更早熟，并且更能够在凉爽季节中生产出丰富的风味。其中段的口感十分浓郁，这个特点赤霞珠（特别是凉爽地区的）一般不具备，这也是为什么它通常都会和赤霞珠混调在一起的原因。梅鹿辄散发的黑樱桃、李子的成熟风味以及泥土、肉味和水果蛋糕的气息与赤霞珠的香气能够协调地融合在一起。

澳大利亚种植的大多数梅鹿辄都会与赤霞珠混调在

一起。如果选用100%的梅鹿辄，那么酿制出来的酒会非常柔软丰满，并且通常早熟。库拉瓦拉（南澳）、雅拉谷（维多利亚地区）和玛格丽特河（西澳）出产澳大利亚最好的单一品种梅鹿辄酒。

马尔白克 Malbec

马尔白克是波尔多红葡萄品种中另外一个能够酿制出单宁馥郁、中段口感丰富、色泽浓郁但是缺乏细腻度的品种。在澳大利亚，马尔白克通常都是小块种植，主要在一些顶级的葡萄酒产区，如克莱尔谷（南澳）和玛格丽特河（西澳）。它不像赤霞珠和梅鹿辄那样有着明显的特征，偶尔会散发出类似煮熟蔬菜的绿色香气，主要被用来酿制波尔多混调酒，来增加酒的风味、饱满度和单宁的丰富度。

尼比奥罗 Nebbiolo

尼比奥罗是意大利主要的高品质红葡萄品种之一，集中种植于皮埃蒙特地区，此外还有伦巴第（Lombardy）和瓦莱达奥斯塔（Valle d' Aosta）地区。用尼比奥罗酿制出的经典葡萄酒（如巴罗洛和芭芭罗斯酒）十分醇厚，结构紧实，散发着扑鼻的花香和泥土的香气以及焦油、墨水、玫瑰和沥青的风味。通常单宁丰富，口感紧致，带有收敛感，需要10年左右时间达到成熟。

小维尔多 Petit Verdot

　　小维尔多是法国波尔多地区第五大也是迄今为止产量最少的红葡萄品种，它能够酿制出带有辛辣味、果香馥郁、散发着浓郁红浆果和黑莓香气且口感优雅柔滑的葡萄酒。小维尔多葡萄酒在年轻时的表现最佳，因为它不像赤霞珠那样具备持久的口感并且能够经受长期的储藏。南澳大利亚的迈拉仑维尔出产一些活泼、多汁并且香气馥郁的小维尔多酒。

赤霞珠 Cabernet Sauvignon

　　赤霞珠是法国波尔多梅铎地区酿制经典红葡萄酒的主要品种。事实上，在几乎所有的波尔多红葡萄酒中都能发现它以一定比例存在，但是往往也是占其中的一小部分。通常赤霞珠会和它的近亲品丽珠、关系较远的梅鹿辄、马尔白克和小维尔多混调在一起。在澳大利亚，所有的葡萄酒产区都种植赤霞珠。

　　年轻的赤霞珠散发着紫罗兰、黑浆果、桑葚和干草本的香气。口感紧实、不甜并收敛，带黑浆果和红浆果的浓郁风味以及薄荷、矿物和黑巧克力的气息。味蕾中段部分会有些许的平淡。澳大利亚的酿酒师们通常会采用与其他品种（譬如梅鹿辄甚至是西拉）混调的方法来弥补这个缺陷。

　　随着赤霞珠的不断陈年，它会逐渐发展成带有雪松、雪茄盒甚至是松露的复杂风味，并会变得越来越柔滑而易饮。最精致的赤霞珠寿命可以高达40年～50年之久。

赤霞珠

黑比诺 Pinot Noir

　　黑比诺是法国勃艮第地区出产的出色的葡萄品种。在所有的红葡萄酒品种中，黑比诺是最难种植、最难酿制的，而所酿制出的葡萄酒也是最难理解的。但千万不要因此对它退避三舍，黑比诺值得我们费心研究。最为人熟知的关于黑比诺的经典评语是"带着丝绒手套的铁拳"，它反映的是黑比诺非凡的特点——能以极其细腻诱人的方式演绎出任何其他葡萄酒都不具备的最浓郁的香气和最馥郁的风味。

　　在澳大利亚，黑比诺在一些凉爽地区表现最佳，如维多利亚的雅拉谷、莫宁顿半岛、吉龙、吉普史地和马斯顿山区以及塔斯马尼亚岛的煤河谷、东海岸和最南的塔玛谷地区，南澳的阿德莱德山区和西澳的大南部地区也种植着不错的黑比诺。

　　年轻的黑比诺酒色泽相对较浅，但是不要过分关注这点。与其他大多数红葡萄酒不同的是，黑比诺在巅峰期后仍然会不断地成熟。最细腻的年轻黑比诺酒散发着玫瑰花瓣、樱桃和黑莓果的诱人香气。同时，它们的口感可以有着令人惊讶的深厚和浓烈的风味，即便是它那一丝优雅、内敛的香气也会让人感觉到它的轻盈。随着酒的不断陈年，黑比诺的风味会转变成肉味和野味，酒的口感也会随之变得更加悦人和精致，同时仍然保留着生动的香气和活泼的酸度。

　　在红葡萄品种中，黑比诺最能反应地域与年份之间的联系。即便土壤类型、坡度甚至是风向发生了细小改变，所种植出的黑比诺就会有极其不同的特征。在其他条件都同等的状况下，好的地理位置与一般的地理位置出产的黑比诺品质有着惊人的差异，尤其是在口感上。目

前，世界上能真正出产优质黑比诺的产区并不多，这也是那些来自法国勃艮第、澳大利亚、新西兰和美国俄勒冈的黑比诺酒如此昂贵和受人追捧的原因。

桑娇维塞 Sangiovese

桑娇维塞是意大利托斯卡纳地区的主要红葡萄品种，同时也是基昂蒂和蒙塔尔奇诺布鲁诺地区的支柱产品。辛辣味十足，拥有鲜明的酸味李子和类似樱桃的果香，口感细密带有涩感，偶尔会散发粗犷的烟草味与肉类风味。它的紧实、愉悦的酸度以及干型口感，使其能够与传统意大利美食相配。

在澳大利亚，桑娇维塞是一个相对较新的品种，西斯寇特（维多利亚地区）、满吉（新南威尔士）和迈拉仑维尔（南澳）如今出产着最精致的桑娇维塞葡萄酒。许多澳大利亚葡萄园和酒厂都对种植桑娇维塞进行了试验，因此很有可能在不久的几年后桑娇维塞会被种植在意想不到的地区。

添普兰尼洛 Tempranillo

添普兰尼洛是西班牙的主要红葡萄品种，它的名字通常与柔滑质朴的里奥哈红葡萄酒以及更为强劲的现代杜若河岸葡萄酒联系在一起。澳大利亚许多葡萄酒产区的地形与添普兰尼洛原产地的生长环境十分相似，因此添普兰尼洛在澳大利亚生长得非常好也就不足为奇了。

虽然在澳大利亚，添普兰尼洛还是一个比较新的品

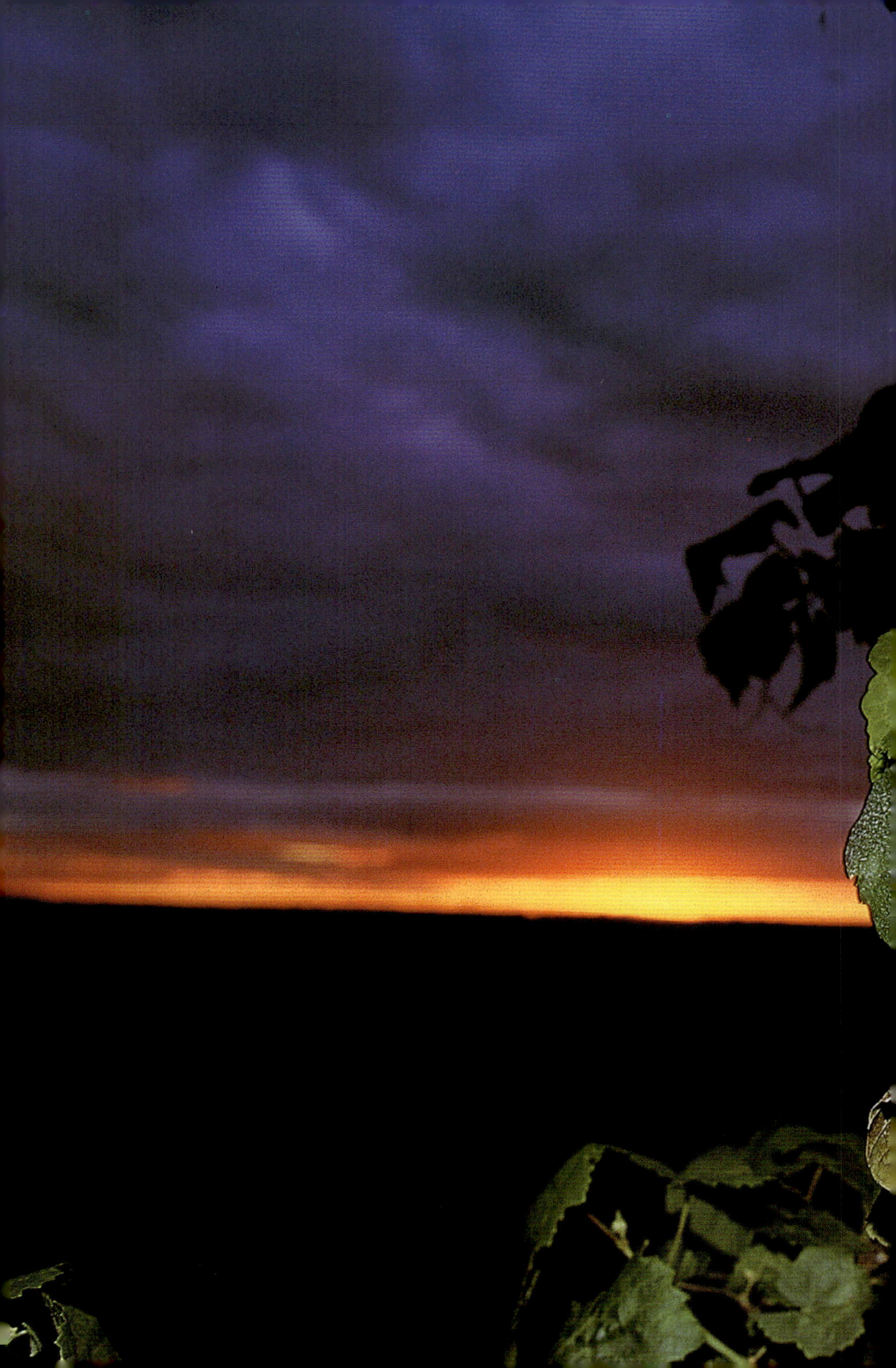

种，但是它已经显示出了其在一些地区的良好生长能力，如南澳大利亚的克莱尔谷、迈拉仑维尔和阿德莱德山以及维多利亚的西斯寇特。最佳的添普兰尼洛呈深红色，能够散发出浓郁的黑洋李、黑巧克力、黑莓以及光滑皮革的风味。用它酿制出的酒可以如丝绸般柔滑，也可以强劲有力并带有涩感。

歌海娜 Grenache

歌海娜是法国南部隆河谷最重要的红葡萄品种之一。在那里，歌海娜是许多出色混调酒的重要组成部分，特别是与西拉和幕尔维德的混调。同时，它也是澳大利亚非常重要的一个葡萄品种，如在布诺萨谷和迈拉仑维尔这些地区的许多葡萄园，超过百岁的歌海娜老葡萄藤长出的果实依然能生产出杰出的葡萄酒。

歌海娜葡萄酒在年轻时呈现出红蓝色的光泽。它们通常散发着如黑色和蓝色果实那样奔放、具有野性、甚至有时如糖果般的风味，花香馥郁，肉味丰富，口感粗犷。歌海娜葡萄果皮较薄，因此许多歌海娜酒的颜色都相对较浅。随着它的陈年，歌海娜酒会变得充满肉味且野味十足。它通常都十分柔滑、宜人，很少会显得强劲带苦涩感。

歌海娜还相当适合用来酿制新鲜、充满葡萄香气的桃红葡萄酒，这种做法在法国十分常见，如今澳大利亚也有不少人采用这种方法。

西拉 Shiraz

　　如果要选一个与澳大利亚联系最紧密的葡萄酒，那一定非西拉酒莫属。澳大利亚的西拉改变了这个品种在全球范围内的种植、酿造和营销方式。西拉奠定了澳大利亚葡萄酒的世界地位。

　　最新的DNA研究表明，西拉的起源地在法国北部隆河谷附近，如今仍然是赫米塔希和罗蒂丘葡萄酒的主要品种。这个品种在澳大利亚有近200年的历史，许多保留至今的西拉葡萄园的历史都超过了100年。最古老的单一西拉葡萄园是始建于19世纪40年代中期，位于南澳的布诺萨谷的朗美"自由"葡萄园，至今它仍然出产着酒庄佳酿。这些古老的葡萄园依旧能生长出健康的葡萄，并且产量能保持在正常水平。它们出产的葡萄酒有着浓郁、层次丰富的果味和风味，而且口感如天鹅绒般独特。它们为澳大利亚葡萄园的品质创造了令其他地区羡慕不已、无可匹敌的优势。

　　澳大利亚是一个土地广袤的国家，而葡萄酒产区覆盖了最温暖干燥的地区以及冬季偶尔会下雪的凉爽地区。因此，许多澳大利亚西拉，同世界流行的那些以成熟和多汁品牌酒相比，更具多样性。

　　温暖的南澳大利亚布诺萨谷和迈拉仑维尔出产的西拉以饱满、浓郁和柔滑的口感而闻名；而东南部的凉爽地区却生产着更加收敛、风味可口、辛辣的西拉，这些西拉通常散发着浓郁的胡椒香气。温暖产区的西拉常常以厚重的口感和浓郁的水果味来建立其深厚的结构。

　　凉爽地区种植的西拉通常比较晚熟，但是单宁会更为细腻紧致。维多利亚的格兰皮恩斯（大西部地区）和雅拉谷、南澳的阿德莱德山以及西澳的大南部地区等酿

西拉

制的西拉酒口感持久、细密、强烈刺激但又不失优雅和收敛。

　　温暖的内陆地区，如维多利亚的班迪戈、比曲尔斯和西斯寇特、新南威尔士的满吉、希托普斯和南澳的克莱尔谷也出产这种果味层次丰富、结构紧实、带收敛感的西拉。

　　虽然西拉的香气、口味和酒体结构因葡萄园的不同而有所差异，酿酒师们在酿制方法上仍还有许多选择。其中，主要的考虑因素就是选择适合陈酿的橡木桶。以澳大利亚名气最响的奔富葛兰许为代表，许多温暖产区的西拉都在美国的橡木桶中陈年，从而增加香草和椰子糖的甜香味。香气更宜人、带有雪松气息的法国橡木桶或许更适合澳大利亚凉爽地区种植的更为辛辣和收敛的西拉。

葡萄种植

好的葡萄酒需要好的葡萄

　　在整个葡萄酒酿制过程中，栽种葡萄与酿造葡萄酒同样重要。现代酿酒技术已经能够将最糟糕的葡萄酿制成可饮用的葡萄酒，但是想把次等的葡萄酿制成世界一流的佳酿绝对是不可能的。这也是我们重视葡萄种植管理的原因之一。

　　葡萄酒的潜力最终取决于葡萄的质量。一般的葡萄可以酿制出不错的便宜的葡萄酒，却无法酿制出风格鲜明且极具复杂性的顶级佳酿，后者需要出色的葡萄。因此，以酿制便宜酒为主的葡萄园与那些专产高档酒的葡萄园在建立和管理方式上有着极大的不同也就顺理成章了。

　　那么，什么才是优质的葡萄？它必须是健康且未受病害破坏的（虽然所谓的一两种"病害"其实是有益的），成熟良好的，并具备符合酿酒师所追求的葡萄酒风格的潜力。当葡萄进入最后的成熟阶段时，光合作用产生的糖分会在葡萄叶子中积存并转入果实。这些糖分在之后的酿制过程中被发酵并最终转化为我们在成品酒中发现的酒精。通常，当葡萄所含的糖分足以满足酿制酒精度为11%～15%的干型葡萄酒时，它们就可以被采摘了。

什么是成熟的葡萄？

单凭糖分的成熟度并不能决定酒的质量，因为有些葡萄酒是特意用那种成熟度较低的葡萄酿制而成的。譬如，桃红酒、未经橡木桶陈酿的白葡萄酒和酒体轻盈的红葡萄酒。一些适合长期窖藏的白葡萄酒和红葡萄酒在初期风味相对稀薄且收敛，可能是因为用未全熟的葡萄酿制的。在澳大利亚，传统品种雷司令和赛美蓉就是以这种方式采摘的。

葡萄种植最大的问题之一是甜度与风味积聚的速度通常会不一致。葡萄园管理者所面临的最大挑战在于如何巧妙利用照料和修剪葡萄藤，使其风味与糖分同时达到理想的成熟水平，那个时候葡萄就进入了采摘期。

在采摘时期另一个十分重要的变数是葡萄的酸度。它会随着成熟期的推移慢慢减少，正如水果店出售的完全成熟的葡萄有可能品尝起来比未成熟的葡萄酸度低。红葡萄酒的色泽与口感还取决于葡萄的果皮，与之相关的分子分别是花青素和单宁。在种植高质量红葡萄时额外的挑战是要确保果皮也已充分成熟，这样能为成品葡萄酒提供最好的鲜艳花青素和精致较干的单宁。

除了这些挑战，葡萄酒的风味形成速度会因不同的地区和不同的品种而有很大的差别。这是一个需要种植者和酿酒师长期学习的过程，而每年你只有一次尝试的机会！

种植优质葡萄

在葡萄酒酿造的过程中，种植者和酿酒师们必须了解葡萄将被用来酿制何种风格的葡萄酒以及这些葡萄酒的消费者们对它的期望。举例来说，如果是一款便宜的西拉，那么所采用的葡萄园管理方法会与在小型葡萄园中种植酿制昂贵限量葡萄酒的葡萄所采用的方法大不相同。换言之，用来酿制一款葡萄酒的优质葡萄不太可能被用来酿制另外一款葡萄酒。葡萄的用途会影响葡萄园管理的各方面。

简单的基本事实是：如果你想要酿制高品质的葡萄酒，就需要一个优质的葡萄园。最终运往酒厂的葡萄质量会决定所酿制出的葡萄酒的最终潜力，而酿酒师的职责就是尽力地挖掘和抓住这种潜力。然而危险的是，在酿造过程中酿酒师有可能会失去葡萄酒的品质。

人与自然对葡萄栽培的影响是同等的。葡萄园管理者可以在他们认为具备出产优质葡萄酒的土地上建立葡萄园，但是恶劣天气、葡萄藤病害或者土地中缺少特定营养物质等自然因素也会对最后的结果产生重要的影响。

棚架和棚盖的设计

　　通过选择合适的棚架和适当的管理技术，种植者们可以将土地的特征与他们预期的产量以及期望的葡萄质量匹配起来。许多酿制世界顶级佳酿的葡萄园每公顷种植着大量的葡萄藤，而葡萄藤则由于棚架设计以及剪枝等因素通常都不会生长得过于茂盛。通常葡萄藤之间的生存竞争越激烈，出产的葡萄的品质就越好，而每株葡萄藤本身也不用承受由大产量带来的压力。

　　而那些种植密度较低的葡萄园能生产大批量的葡萄，葡萄藤往往都生长得十分茂盛，每株葡萄藤的产量也较大，这些葡萄通常适合用来酿制较便宜且易饮的葡萄酒。

剪枝

　　葡萄园的剪枝过程通常在冬天进行，它能使种植者有机会整修葡萄藤以达到预计的产量。通过剪掉藤蔓，留下预定数量的芽眼，大部分的芽眼都会长出好几串葡萄。在大多数情况下，剪枝程度较大的葡萄园产量会比那些剪枝程度较小的葡萄园来得少。

　　无论是人工或是机器操作，剪枝时还要注意的问题是要确保葡萄藤上留有足够的一年期的藤枝，因为一年期的藤枝的芽孢会在来年发芽，结出葡萄。

灌溉

　　灌溉主要有两个目的，增加产量（葡萄品质可能会受到影响）以及在干旱时期保持葡萄园的健康生长以确保葡萄的质量。如今，澳大利亚面临着灌溉用水逐渐减少的问题，葡萄种植者们正抓紧学习应对更加干旱环境的方法。

产量

　　产量过大的葡萄园很难生产出真正意义上成熟的葡萄，产出的葡萄也没有浓郁的成熟水果风味。如果一个葡萄园因为产量过大而不能让葡萄完全成熟，那么葡萄品尝起来会十分单薄和青涩。如果想要酿制高品质的葡萄酒，种植者们会在成熟季到来之前进行"绿色剪枝"，剪掉那些他们认为多余的、不能完全成熟的葡萄串，从而保证葡萄藤上留下的葡萄能够完全成熟。

　　当然，产量少并不意味着就一定能够酿制出优质的葡萄酒。在炎热干燥的条件下，葡萄的产量就会减少，但是由于葡萄藤在这样的环境里经受了残酷的考验，结出的葡萄同样会反映出这种条件所带来的压力。用这种葡萄酿出的葡萄酒在品尝时会让你同时感受到未完全成熟和过分成熟这两种风味。

年份差异的真相

综观决定葡萄酒质量的多种因素，其中一个令其他因素都显得微不足道的是季节的好坏。葡萄酒酒标的作用并不只是标示葡萄酒的年龄，它还暗示了葡萄酒的品质。

不同年份出产的葡萄酒之间存在着巨大的差异。即使在葡萄种植和葡萄酒的酿造中都采用了同种方法，葡萄酒的各个方面（参见"品酒"部分）每年都表现不一样。收获葡萄的好坏受到许多季节因素的影响，包括会部分或全部损害收获的霜冻、火灾和热浪、干旱或洪水以及病虫害等。

要记住，当你有机会品尝不同年份的同一款葡萄酒时，试着分析哪一款更好。

不同年份的葡萄会导致葡萄酒质量的参差不齐，以及影响陈年所需时间的不同。有时，产自同一地区的一系列葡萄酒品尝起来都会带有某一个季节特有的特征。重要的是，顶级的葡萄园即使是在困难的年份同样能够表现出色。这些葡萄园之所以被称为"顶级"葡萄园并且所产的酒通常比较昂贵，原因就在于它们更加可靠。

照料葡萄藤

顺应国际上种植有机食物的趋势，国际葡萄酒产业也掀起了在葡萄种植中最小程度使用农药的风潮，尽管他们还是在继续使用。

20年前，仅有少数葡萄种植者真正关心土壤的健康情况。如果某一块土地的土壤中缺少特定的重要营养元素，种植者们就会直接在葡萄藤上喷洒这种物质。土壤不断地被消毒、铲平。在许多地区，土壤甚至被看做是无关的因素。如今回想过去这些无知的做法，真是不可思议。

澳大利亚以及其他酿酒国的葡萄种植者们都开始采用更加有机的方式，减少杀真菌剂、杀虫剂、除草剂和肥料的使用。这种做法的优势在于，土地和葡萄藤都能变得更加健康并且具备自我调节能力，能够经受住恶劣气候的挑战以及病虫害的侵袭。

许多葡萄园都不断调整各自采用的方法，使其更符合"有机"的标准。种植者们通过在葡萄藤之间种植地表植物，使葡萄园中的作物更具多样性，同时采取一些措施以提高土壤的营养水平及生物活力。任何有可能的自然方法都会被采用，以建立稳定持续的管理系统。大多数的有机标准都允许使用有限的几种化学品，如肥料和杀虫剂。

有些地区的管理者则更进一步，采用了真正的生物动力学方法，这种方法被称为"有机管理的超动力系统"。与

之前提到的"有机葡萄园"在实践上有着显著差异，生物动力学根据预设的时间计划，采用特制的混合肥料及其他准备。按照生物动力学始祖鲁道夫·斯坦纳（Rudolf Steiner）的说法，生物动力学从月相和星相角度将葡萄园看成一个有生命的整体。无论是否认同这种理念，你很难否认生物动力学对葡萄园和葡萄藤的健康所做出的积极贡献。假以时日，它也可能与提高葡萄酒品质联系起来。

土壤、阳光和"风土条件"

气候对葡萄酒有着重要的影响，特别是在葡萄成熟阶段。大体来说，凉爽的气候有助酿制出结构更为内敛精致的葡萄酒，这类酒通常都能散发出天然高酸度葡萄所产生的馥郁风味。凉爽的气候首先会推迟葡萄的成熟，然后让其在夏季热浪过后温和的秋天里完成成熟。在澳大利亚，一些维多利亚和塔斯马尼亚的葡萄园能够将采摘时间延长至5月，而4月仍是澳大利亚最南部产区的普遍采摘期。

最常见的误区是认为凉爽气候会延缓成熟的速度，因为在成熟的过程中缺少温度和光照。然而，从葡萄藤开花至采摘的这段时期内，温度的影响其实很小。令人惊奇的是，在葡萄成熟的后期，炎热的气候甚至可能因为延缓了光合作用而拖慢了葡萄成熟的速度。

春季葡萄藤出芽至开花这段时期对温度十分敏感，凉爽的气候会推迟这个过程。相应地，整年中成熟阶段也会往后推移，直至更凉爽的秋季，这会对葡萄的构造产生重要的影响。葡萄酒的

"凉爽气候风格"——浓郁果香及较高的天然酸度也由此而来。相比在温暖地区种植的葡萄藤和成熟的葡萄，凉爽气候地区出产的葡萄会保留更多精致的果香。

此外，凉爽气候地区葡萄酒中所含的自然酸度较高要归因于葡萄中自然产生的苹果酸在成熟后阶段转化为酒石酸（一种较温和的酸）的速度。这个过程受温度的影响，因此在温暖的地区会更加明显，会降低葡萄所含的自然酸度。

温暖地区的葡萄园通常在炎热的夏季进行采摘。在这个时候，葡萄成熟，风味也得到发展。温暖地区的葡萄酒的典型特点是饱满、圆润和丰富。与凉爽地区相比，它们的口感通常更加强劲醇厚，天然酸度较低。在澳大利亚，非常凉爽及边远地区的葡萄会出现不够成熟

的情况。为了弥补而添加糖分的做法是违法的，当然酒庄在葡萄汁或葡萄酒中添加葡萄本身自然形成的酸的行为是被允许的。正如你所设想的那样，在温暖地区，酸度需要进行更多的调整。酿酒艺术的一部分就是如何确保后添加的酸度不在葡萄酒中明显地体现出来，而能够融入葡萄酒中。

要定义土壤与葡萄酒之间的关系则更加困难。这个过程不那么直接，因为葡萄藤必须在精心照料下才能反映出土壤对其的影响。此外，只有极好或极差的地理条件才能真正影响葡萄酒的口味。如何定义地理条件的好与差，出产目的不同的地区也会有所差别。一个特定的葡萄园可以是生产高端葡萄酒的绝佳场所，但却不适合生产大批量的较便宜的葡萄酒。

令人惊奇的是，一些世界顶级葡萄园所处的地理环境大不相同。法国香槟区的土壤是白垩岩，德国摩泽尔的酒庄坐落于石板岩的悬崖上，而法国南隆河谷的教皇新堡酒区则位于一片被沉重巨砾覆盖的平原上。澳大利亚有着世界上最古老或最贫瘠的土壤，一些最著名的葡萄园就建立在这些土壤上。只要不存在巨大的矿物或维生素缺失问题且土壤的排水情况正常，葡萄藤就能够生长。它们是否生产出精品葡萄酒很大程度上就要看时间和机遇了。

世界上大多数的顶级葡萄酒都能够反映出当地的地质和地理状况。现在也许是介绍一个被广泛使用的法语术语"风土条件"（terroir）的最佳时机。"风土条件"这个词受到不少的误解，它可以解释为葡萄酒反映一些鲜明特征的能力，如方位、土壤以及所属葡萄园的微气候状况。它不是欧洲独有的现象。

风土条件非常具有影响力，虽然它所扮演的角色只能在那些单一、高品质地区出产的葡萄酒中显示出来，这些地区种植的葡萄通常具备当地的一些特征。不论葡萄生长在哪个国家、哪个地区，如果葡萄种植和采摘的方式有助于表现出葡萄园所在地的风土条件，随着酒的不断陈年，这种风土条件最终会成为葡萄酒唯一最重要的因素，以致于几

乎可以忽略酿酒师是如何酿造的。这就是地理位置的强大力量。

为了使风土条件的作用能够充分地显现出来，通常需要相对较低的葡萄产量、对葡萄园和酒窖的精心照料以及在酿酒过程中不能出一点差错。

另一种欧洲传统思想流派认为"要让葡萄藤结出最好的葡萄，需要给它们一点压力"。灌溉在欧洲非常少见（事实上它确实也不太需要）。比起澳大利亚，欧洲葡萄园内葡萄藤的间隔比较近。从历史记载来看，在欧洲的葡萄园，人们通常是通过步行或尾随着马匹穿梭在葡萄藤间对葡萄园进行照料；而在新兴葡萄酒生产国的葡萄园中，葡萄藤都被一排一排地种植，间隔较远并会留出一条小路让农用拖拉机通过。

历史证明，欧洲的葡萄种植者从种植相对较近的葡萄藤所产生的竞争中获益不少。如今，许多正在建造或改造的澳大利亚葡萄园都增加了每公顷所能种植的葡萄藤数量，就是为了最大限度发挥经济效应。很多欧洲葡萄园都从其高密度的葡萄藤种植中获利，能够以非灌溉的方法生产出产量较少却健康成熟的葡萄。这种经过几个世纪进化来的系统鼓励了葡萄藤之间的良性竞争或者说给葡萄藤施加了"压力"。

在澳大利亚，顶级葡萄园也采用类似的竞争或压力系统。在南澳和维多利

亚，贫瘠的土壤和最小程度的灌溉使年老、成熟的西拉葡萄园持续处于受压状态。澳大利亚东南地区和西澳南部地区气候足够寒冷，采摘期也相对较晚，因此葡萄藤经受着巨大的挑战，特别是当越来越多新建的葡萄园为了生产出风味馥郁的小产量成熟葡萄而采用高密度种植方式。

无论在哪里，种植葡萄是为了酿制优质的葡萄酒，根本问题都是完全一样的。地点是不是足够好？葡萄园的建设是否充分发挥了所在地的优势？葡萄藤有没有受到最佳最适合的照料从而反映出当地的风土条件？如果以上所有问题的答案都是"是"的话，那么葡萄园很有可能生产出优质的葡萄酒，并且与邻近地区以同样方式种植和酿制出的葡萄酒相比有着明显的不同，即使彼此在土壤、方位和气候上只存在着轻微的差异。

这里谈到的因素，在很大的程度上决定了一种葡萄酒是否有魅力。

葡萄的含糖量越来越高

当葡萄成熟时，它们的酸度集中性就会下降，葡萄所含的糖分通过葡萄叶的光合作用不断积聚，这有助于增加酒的"成熟"口味。通常，当葡萄所含的糖分足以满足酿制一瓶酒精含量10%～13%的干型葡萄酒时（请参见"葡萄酒

酿造"），它们就可以被采摘了。

如果这个阶段葡萄仍然被留在葡萄藤上没有采摘，那么它们的糖分含量就会继续增长，但是风味却会有所变化。在干型餐酒（特别是红葡萄酒）中，我们会发现新鲜的莓果、李子及樱桃果味转变成了梅干、葡萄干和黑醋栗的干果风味。

酿制甜白葡萄酒时，葡萄会被放置在果园直至正常采摘期过去，从而使它们获得更多的糖分，味道更馥郁。如果天气条件允许，在潮湿的早晨和干燥的午后，葡萄会受到著名的"贵族霉"（noble-rot）的影响。它是一种被称作为贵腐菌的霉菌，能够增加晚收型甜酒的甜度、浓郁度和甘美度，它还有助微甜或极甜白葡萄酒散发出类似杏和橘子皮的风味。

一旦晚收型甜酒的葡萄最终成熟并被发酵到与干白餐酒同等酒精度时，葡萄酒本身会保留一定的甜度，这种甜度取决于正常采摘期后葡萄留在葡萄藤上的时间长短。世界范围内，尤为甘甜、浓郁的甜餐酒都是由一系列白葡萄品种酿制而成的，特别是雷司令、赛美蓉和长相思。在澳大利亚，从格里菲斯周围温暖的滨海沿岸地区到较凉爽且湿度较高的南澳南部地区、维多利亚及塔斯马尼亚地区，都是许多经典甜餐酒的产地。

从葡萄藤上采摘葡萄

澳大利亚的葡萄种植者们可以选择手工或机器采摘葡萄，两种方法各有利弊。采用何种方式，主要考虑人手是否足够或者是否期望极高品质。以下是这两种方法各自的优势与弊端。

手工采摘

这是一种比较轻柔的方式。通过这种方法，葡萄在送抵酒厂之前不太会出现破皮的现象，还能使种植者在采摘时避开不好的葡萄串。如果希望采摘真正成熟的葡萄，它又能通过分次采摘达到目的。然而，这种方法十分昂贵，并且需要足够熟练的人手。

机器采摘

虽然现代的机器振动已经十分温和，但是与人工采摘相比，机器采摘还是会导致更多的葡萄破皮以及氧化。不过，其高效率使得种植者们能在短时间内完成大型葡萄园的采摘工作，同时保留住葡萄的成熟香气（如果全部葡萄确实都已经成熟）。机器采摘不需要调动大量的人力，因此成本更低。澳大利亚的许多产区都处于偏远地区，人口稀少，这也是不少葡萄园采用机器采摘的原因。此外，它还能使种植者在夜间采摘，那个时段葡萄通常酸度较高，并且果汁中的风味更为集中。夜晚采摘的葡萄一般温度较低，因此在发酵之前冷藏上的花费也相对较少。

葡萄种植地区

　　无论葡萄酒产自哪里，葡萄园通常都聚集在一起。这种现象在农业中也十分常见，因为随着时间的推移，我们发现某些地区会特别适合种植某一类水果或农作物，或适合饲养某种牲畜。

　　影响葡萄酒产区的因素有很多。它有可能是地质方面的原因——某种优质土壤类型的存在，如库拉瓦拉地区的红土以及西斯寇特（维多利亚）地区经过上亿年降解的绿色石头。某些土壤，如伊顿谷（南澳）的土壤会给当地酿制的葡萄酒带来钙质或矿物气息等明显特征。

　　气候是另外一个影响葡萄酒产区分布的重要因素。一些产区位于山脉地区，温度会比环绕在其周围的炎热地区低很多，如位于维多利亚东北部的比曲尔斯。地貌和斜坡在某些情况下也十分重要，特别是在法国的勃艮第地区，该区最著名的分区金丘，如果不是因为所处位置正对东面和东南面，则很有可能酿制不出如此出色的葡萄酒。

　　在没有机动车运输工具以前，葡萄酒产区是否离市场很近变得十分重要。如今，最受欢迎的葡萄酒产区通常距离主要城市2～3小时的车程，因为葡萄酒产区也需要买家、参观者和旅游者的不断到访。

　　随着时间的推移，哪种葡萄品种更适合被种植在哪个产区会变得十分明了。一些品种甚至与当地的产区产生了独特的协同效应，这种效应使得人们能

澳大利亚主要葡萄种植地区

西澳大利亚

南澳大利亚

新南威尔士

维多利亚

塔斯马尼亚

北

够将它们与种植在其他地区的同品种的葡萄区分开来。虽然不同的新葡萄品种不断地被引进澳大利亚并且通常能够取得惊人的成功,但澳洲顶级的葡萄酒产区与一些葡萄品种的名字密不可分,两者之间已经形成了巨大的协同效应。

澳大利亚第一个葡萄园就位于人口最稠密的新南威尔士。如今新南威尔士的葡萄酒酿造正处于不断扩大和探索的阶段，其中也出现了一些获得广泛认可的新葡萄酒产区。

1.猎人谷 Hunter Valley

位于澳大利亚最大的城市悉尼的北部，历史悠久。这个温暖、干燥的地区已经成为澳大利亚最具特色的白葡萄酒品种赛美蓉的家乡。猎人谷的赛美蓉通常早收，酿制出的葡萄酒酒精度低且带有爽口的酸度，在瓶中陈年的时间可超过10年，陈年后的葡萄酒复杂度极佳。猎人谷还生产柑橘和瓜类香气馥郁、带有烟叶和金橘气息的霞多丽。

红葡萄品种在这个地区的表现比较一般，除了芭巴拉这个例外。然而猎人谷还生产同样具有特色的辛辣且粗犷的西拉。在较温暖的年份，猎人谷出产的西拉会更加奢华和强劲，但是在并不常见的潮湿年份中，酿制出的西拉通常细腻、柔顺、肉味更加突出，适合在早期饮用。

2.希托普斯 Hilltops

一个新兴的内陆产区，位于大分水岭周围的山地，夏季不会十分炎热。产区干旱，但同时显示出了种植西拉、赤霞珠和霞多丽的巨大潜力。该区出产的红葡萄酒结构紧实，口感浓郁并且具备良好的储藏潜力。

3.满吉 Mudgee

满吉地区被大分水岭三面环绕，风景优美，但较为干燥。出产着传统、充满活力、陈年潜力不俗的赤霞珠和西拉。这个地区出产的红葡萄酒通常口感紧实，结构良好；其酿制的霞多丽则成熟多汁，带有宜人的持久度和酸度；而该区的赛美蓉在陈年后会变得十分优雅。

4.滨海沿岸 Riverina

滨海沿岸是一个地域辽阔、干燥的内陆地区，依靠灌溉，出产着一些澳大利亚最优质的晚收型赛美蓉甜酒。它是澳大利亚成功国际品牌的核心产区。虽然一直生产较为便宜的葡萄酒，如今一些酒商们已经开始寻找提升葡萄酒品质水平的方法。该区生产的西拉和赤霞珠饱满且香气馥郁，小西拉（durif）则具备着不俗的潜力。

5

4 3

1

6

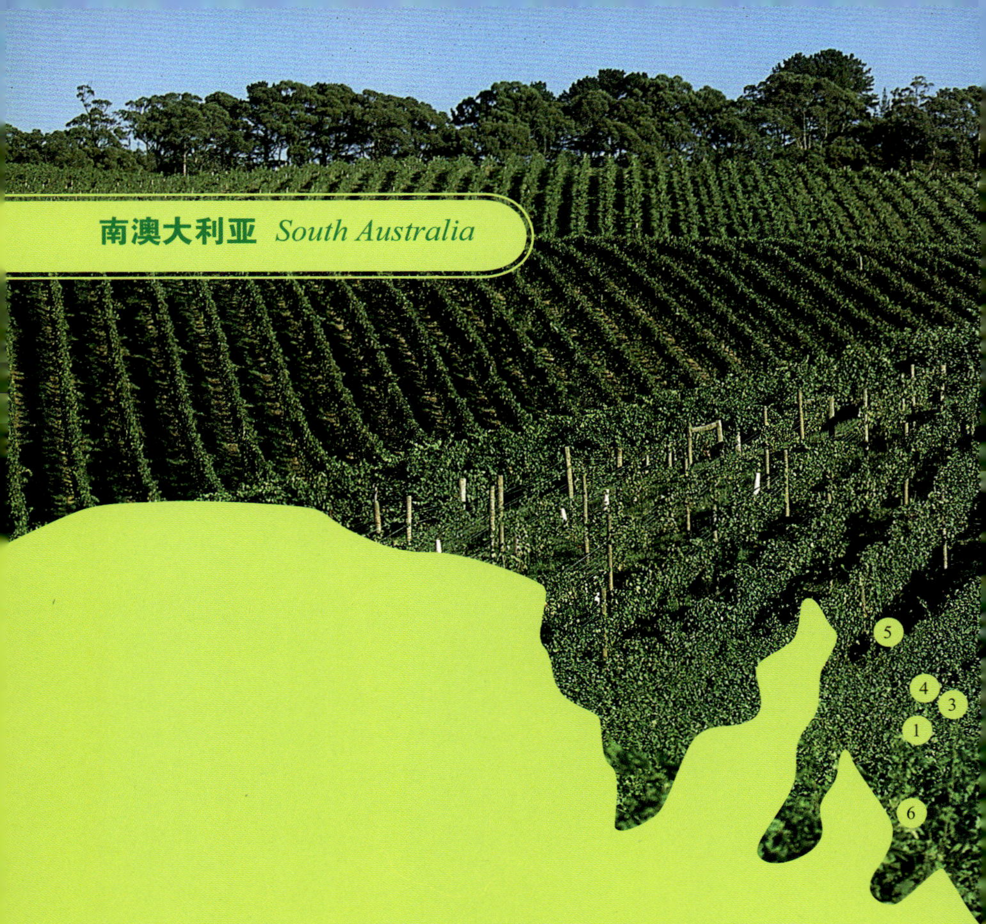

南澳大利亚地区生长着澳洲一半
的酿酒葡萄。该州的首府阿德莱德市被
认为是澳洲葡萄酒产业的焦点地区，也
是众多葡萄酒组织和协会的所在地。葡
萄酒产业是南澳大利亚经济不可或缺的
一部分。

1.阿德莱德山 Adelaide Hills

阿德莱德山是位于阿德莱德市东部的凉爽且风景优美的地区，靠近市中心。阿德莱德山最早由于其酿制的长相思、霞多丽和雷司令而闻名，之后则开始酿制起泡葡萄酒。最近该区一些温暖的产区则显现出了在种植隆河谷品种西拉和维欧尼上的不俗潜力。

2.库拉瓦拉 Coonawarra

库拉瓦拉是位于南澳大利亚最南部的凉爽和温暖地区，南大洋吹来的凉爽海风通常会在夏天的午后给葡萄园带去一丝清爽。该区最著名的葡萄酒是平衡度良好的红酒，特别是赤霞珠和梅鹿辄的混调酒。这种混调酒在年轻时通常酒体略显单薄，但它能在长期的储藏过程中（至少10年）不断陈年。该区带有胡椒、辛辣和野味气息的西拉同样受到广泛的欢迎。库拉瓦拉的心脏地带则是形似雪茄、覆盖在石灰石之上的红色土壤，它被称作红土。该区最优质的葡萄酒产自拥有高比例红土土壤的葡萄园。

3.伊顿谷 Eden Valley

伊顿谷是位于布诺萨谷东面的一个山峦起伏的地区，顶峰则被称为高伊顿谷地区。该区主要酿制散发着粉笔、柑橘以及香水气息，适合长期陈年的干型雷司令以及如丝绸般柔滑、细密、果味浓郁，带有强烈的覆盆子和黑醋栗香气的西拉和赤霞珠红酒。该区的西拉通常十分辛辣并带有胡椒香气，而赤霞珠则带有干草本和黑巧克力的气息。

4.布诺萨谷 Barossa Valley

这个位于阿德莱德北部的著名南澳产区酿制许多成熟丰盈的澳洲西拉和歌海娜酒。同时用这些品种与其他红葡萄酒品种（如幕尔维德，又称mataro）的混调酒也广受欢迎。该区的赤霞珠十分华丽，有长久的窖藏潜力，但是稳定性欠佳。布诺萨酿制的最优质的白葡萄酒则是果香宜人、带有轻微草本和柔和橡木气息的赛美蓉。

5.克莱尔谷 Clare Valley

从布诺萨地区再往北走，当看到四周环绕着连绵的山峰，一片未经开垦、具有田园气息、风景如画的耕种地区，这就是克莱尔谷。雷司令是该区的特色品种——果味甘甜，适合在年轻时及陈年后饮用的特干性葡萄酒。突出的石板岩增加了葡萄酒的香气以及矿物气息。克莱尔谷的西拉口感持久、结构紧实，带有薄荷及层次丰富的浓郁水果香气，并伴有薄荷脑的气息。该区的酿制者还酿制饱满、陈年潜力不俗的赤霞珠和马尔白克混调酒。

6.迈拉仑维尔 McLaren Vale

它位于阿德莱德市南面，是一个温暖的沿海产区，最为人熟知的是该区甘美、柔滑、酸度明显、散发着馥郁的黑莓、李子、橄榄和沥青香气的西拉酒。通常，这些酒的涩感并不强烈，因此在年轻的时候十分易饮。此外，迈拉仑维尔在种植意大利品种桑娇维塞和尼比奥罗以及西班牙品种添普兰尼洛上也显示出了不俗的潜力。

虽然维多利亚的大部分内陆地区都十分炎热且干燥，南部的凉爽地区却拥有着大量的葡萄酒产区。比起其他地区，维多利亚葡萄种植区的气候和地理环境更为多样，因此该区也拥有最多不同的葡萄酒产区。州府墨尔本被认为是澳大利亚美食与葡萄酒文化的中心。

1.比曲尔斯 Beechworth

位于维多利亚阿尔卑斯山高地，气候凉爽又温暖。比曲尔斯因其扑鼻、胡椒风味和独特香水味的西拉而日渐出名。出产的西拉通常更具有欧洲风格，口感可口。该区更凉爽的朝南地区则酿制着丰饶的霞多丽和辛辣的黑比诺。其他一些品种，如胡珊和佳美在比曲尔斯也颇具前途。

2.吉龙 Geelong

位于墨尔本的西南部，100多年前，这个地区的葡萄园曾被根瘤蚜虫毁灭殆尽。这个地区多样的土质使其酿制的葡萄酒十分丰富，西拉、黑比诺和霞多丽具有最大的潜力。吉龙的红葡萄酒通常散发着馥郁的芳香，酒体较为轻盈，很少会有浓重的单宁。

3.大西区格兰皮恩斯 Grampians Great Western

位于西维多利亚的南部，拥有众多的死火山。该区虽然面积不大，但却出产一些澳大利亚最受欢迎的西拉。大西区格兰皮恩斯的西拉酒带有浓郁黑胡椒风味和纯净果香，单宁精致，适合长期窖藏，能在陈年过程中不断提升它的复杂度。同时，该区还酿制花香馥郁、水晶般晶莹剔透的雷司令。

4.莫宁顿半岛 Mornington Peninsula

坐落于墨尔本东南部，三面环海，正成为黑比诺和霞多丽的主要产区。该区黑比诺的主要特点是香气馥郁、扑鼻，带辛辣味并且果味浓郁。红山周围

的更高的位置则酿制着更为精致和细腻的葡萄酒。灰比诺也已成为该产区广受欢迎的葡萄酒。

5.路斯格兰 Rutherglen

位于维多利亚东北部，气候温暖又炎热，出产一系列无与伦比的澳大利亚加度葡萄酒。该区的葡萄酒主要由西拉和麝香葡萄酿制而成，口感甘美、集中和复杂。此外，路斯格兰为人熟知的还有酒体适中、柔滑，带泥土气息的西拉以及肉味浓郁、风味极佳，具有涩感的小西拉。

6.雅拉谷 Yarra Valley

靠近墨尔本，位于墨尔本东部，是又一个历史悠久的维多利亚葡萄酒产区。20世纪70年代的复兴使该产区将重心放到了黑比诺和霞多丽的种植上。此外，出产澳大利亚一些最优雅，具有较长窖藏潜力的赤霞珠和梅鹿辄的混调酒。近几年，该区开始向更温暖的位置扩展，酿造出令人振奋的西拉和维欧尼葡萄酒。

7.西斯寇特 Heathcote

是墨尔本北部相对较新兴的一个产区，主要种植西拉。该区许多葡萄园都位于珍贵的上亿年的寒武纪岩石层上，因此所出产的西拉芳香馥郁、风味可口，或是口感丰饶、果味丰富，体现了许多葡萄种植者所追求的高品质成熟度。

塔斯马尼亚 *Tasmania*

塔斯马尼亚是澳大利亚面积最小最靠南端的州，如今它的葡萄酒产业已经日渐成熟并不断扩大。所处的南部纬度赋予了这个地区比澳大利亚大陆地区更长的日照时间，这也是它生产的起泡酒和干型黑比诺能够保持高品质的一个重要因素。塔斯马尼亚地区的葡萄酒并不具有典型的澳大利亚风格，而是常常显示出欧洲葡萄酒所特有的香气和精美。

1.煤河 Coal River Valley

位于塔斯马尼亚州府霍巴特的北部。虽然所处纬度偏南，煤河却是塔斯马尼亚相对更温暖的地区之一。比起需要更温暖季节才能发挥出色的赤霞珠，该区的黑比诺、雷司令以及混浊、扑鼻、口感突出的长相思也许更加稳定。

2.东海岸 East Coast

面积很小的一个地区，拥有一些不受西风侵害的葡萄园。这个地区最大的优势在于日照时间长，能够酿制品种极为丰富的出色的葡萄酒，包括黑比诺、霞多丽和雷司令。

3.塔玛谷/笛手河 Tamar Valley/ Pipers River

位于塔斯马尼亚最北部，是该州面积最大的产区，酿制各种不同品种的葡萄酒，包括雷司令、格乌兹塔明娜、霞多丽和黑比诺，同时出产一些澳大利亚领先的起泡酒。

西澳大利亚 *Western Australia*

与东部地区相比，西澳大利亚的葡萄酒产业规模相对较小，不过这个地区却出产大量的澳大利亚精品葡萄酒。这里的葡萄酒商通常主要关注高端市场。西澳大利亚的葡萄酒产区数量相对较少，但是这些产区却各有特点且十分容易分辨。

1.大南部地区
Great Southern

该区地域广袤、人烟稀少，包括了巴克山、丹马可、破龙路、普及弗朗克兰河这些较小区域。大南部地区是西澳最凉爽最靠南端的产区，主要种植雷司令、西拉和赤霞珠。

2.玛格丽特河
Margaret River

毗临印度洋，拥有海洋性气候，也许是澳大利亚最值得参观的葡萄酒产区。这个产区出产一些澳大利亚最杰出最强劲的霞多丽、最优雅经典的赤霞珠和梅鹿辄混调酒以及充满活力、草本气息馥郁、爽口的赛美蓉和长相思混调酒。

3.潘伯顿
Pemberton

又称Manjimup，是位于西澳南部年轻的内陆产区，因出产口感新鲜强烈的长相思、凉爽宜人的霞多丽以及平衡度极佳的梅鹿辄而慢慢积累了不少名气。

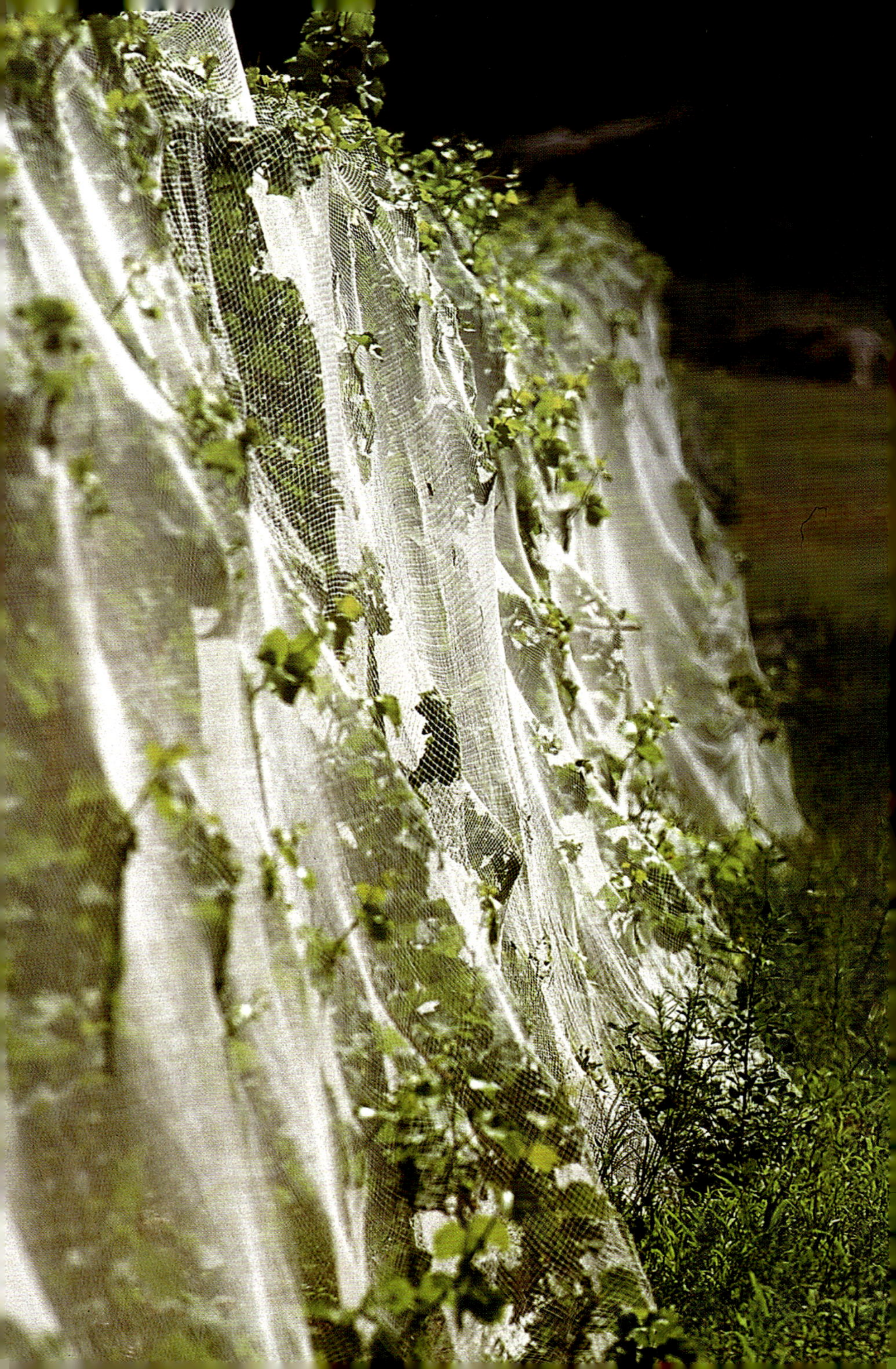

没有秘诀

酿制葡萄酒没有单一的配方。虽然在某几个阶段，从葡萄中提取果汁、发酵至一定程度、然后装瓶这些步骤十分重要和基本，但是酿酒师们采用的或忽略的酿制步骤丰富多样，各不相同。当然，酿酒师们必须对自己所要酿制的酒的类型、针对的消费群体和价位有明确的概念。不惜血本酿制出的葡萄酒却以极其低廉的价格出售是毫无意义的。

葡萄酒的酿制方式还取决于酒厂设备是否先进以及葡萄的质量。此外，还有人的因素——酿酒师的理念。酿酒师可以仅进行少量的细心培育，让葡萄酒自己发展；也可以在整个过程对各个方面进行控制和干预。

"澳洲之巅"、"区域之粹"、"品牌之冠"和"新锐之星"

为了突出葡萄酒本身的地位以及各自在市场目标上的差异，澳大利亚葡萄酒被分成如下几个不同的定位：

"澳洲之巅" Landmark Australia

　　那些位于世界最顶级葡萄酒行列的澳大利亚精品佳酿以自身的高品质和独特性在世界范围内获得了广泛认可。这些代表澳大利亚顶级酿制工艺的标志性葡萄酒被称为"澳洲之巅"。虽然其中的少部分是由来自不同产区的葡萄酿制而成的，但大多数都是采用来自同一个葡萄园（不仅只是来自同一产区）的葡萄。这就意味着这些葡萄酒与欧洲及美国的一级葡萄酒一样，反映了一个地区的风土。然而，正如你猜测的那样，它们的数量相对较少，因此，鉴于其在全球市场上的高需求，它们通常都十分昂贵。

"区域之粹" Regional Heroes

　　"区域之粹"是特定葡萄品种与地域始终如一的完美结合。正如我们在一些传统欧洲酒中看到的，葡萄与产区的内在联系十分明显。比起"品牌之冠"，这些葡萄酒在质量上可谓向前跨了一大步，当然价格也稍显昂贵。无论是伊顿谷的雷司令、雅拉谷的黑比诺或是猎人谷的西拉，它们都显示出了种植者和酿酒师们赋予的更高水准的品质与价值。"区域之粹"反映出了澳大利亚各具特色的高品质葡萄酒产区，这也是它们最广为人熟知的特征。

"品牌之冠" Brand Champion

　　最受欢迎、销量甚广且价格最便宜的澳大利亚葡萄酒被列入"品牌之冠"的行列。这些酒通常香气馥郁、易饮，标志性的丰富性和稳定的质量使其在世界范围内都反响极好。它们往往根据葡萄的品种来命名，无须放在酒窖中储藏即可饮用。然而，其中的一些在瓶中的陈年表现也惊人的好。

"新锐之星" Generation Next

　　澳大利亚的酿酒师们不会被欧洲酒区常见的条条框框所束缚。没有人要求他们哪种葡萄应该种植在哪个地区，什么时候可以采摘以及多少葡萄能够酿制多少葡萄酒。这样，澳大利亚的种植者们以及酿酒师们反而获得了尝试和革新的通行证，而且他们在这些方面已经做得相当成功！

　　"新锐之星"包含许多在酿造和营销上不断尝试而酿制的葡萄酒。其表现通常无法预计、令人惊讶并且经常会引起争议。不论它是一种在欧洲多数地区都不被认可的混调酒，或是对某种已相当成功的混调方式或酿酒概念的改进，还是一种全新设计的酒瓶或新引进的葡萄品种，新锐之星都反映了现代生活方式下的多样性和多种可能性。这些葡萄酒通常易饮，带来惊喜甚至偶尔会颇具挑战力。它们在餐桌上经常能够激发一场愉快的讨论。

葡萄、果汁和发酵

　　除了上天赐予的发酵过程，将葡萄中的糖分转为酒精和二氧化碳以外，我们能做的就是不断地闻，不断地品尝葡萄汁。这一点也不有趣，甚至激发不起我在这本书中描述的兴趣。第一瓶葡萄酒的诞生应该纯属偶然，或许是几千年前放置在羊皮袋中的葡萄汁被暴露在阳光之下，而第一个醉酒的人或许就产生在三个半小时之后。从那时起，现代酿酒慢慢发展成为了一门艺术与科学并存的工艺。

　　第一个步骤——压榨葡萄，使其变成糊状的"葡萄果浆"（must）。这个词来源于古希腊语"mustum"，意为未发酵的葡萄汁。几乎所有葡萄品种的果汁都是无色的，但是红葡萄酒却能够通过与果皮的接触来获得颜色，因为果皮中含有红色素。为了使色泽浓郁长久，用作酿制红葡萄酒的葡萄汁常常会在部分或整个发酵过程中与果皮接触，这个

过程可能持续数日。

　　因此酿酒师可以根据想要酿制的葡萄酒种类来选择留在葡萄汁中果皮与果肉的数量。如果要酿制非常紧实馥郁的白葡萄酒，只需要让果皮浸渍几个小时。对浓郁的白葡萄酒来说，如霞多丽，就比更紧实辛辣的雷司令在葡萄汁中留有更多的果肉。

　　让我们来讨论一下白葡萄酒。在发酵之前，果皮会从果汁中分离，这时从果皮中流出的最纯净也最浓郁的果汁被称为自流液。遗留下的果皮和果籽会继续被压榨成汁并且带着果肉，这种"压榨"果汁会和自流液分开存放。通常它会更苦，颜色更深并且相比自流液缺少精致度和新鲜感，但是偶尔它也会呈现出更多醇正的品种和风味。在发酵之后，自流液会经过一定的压榨从而使酒体更丰富且更具复杂性。但是在酿制加度酒时，自流液通常会直接进行蒸馏。

红葡萄酒的酿制流程

葡萄采收

↓

破碎

↓

将葡萄醪与酵母接种

↓

发 酵

（从果皮与果籽中析出色素和单宁）

↓

出汁

（发酵后或发酵期间）

↙   ↘

自流汁   压榨汁

↓   ↓

合并或保持分离

↓

倒桶，澄清

↓

成 熟

（不锈钢罐或木桶）

↓

过滤，装瓶

无私奉献

之后，果汁会被加入同种酵母进行发酵，从而完成重要的一步：将葡萄中的糖分转为酒精。留在果汁中活跃的酵母会转化所有的葡萄糖分，使其变成非常干的葡萄酒。换句话说，就是不含任何的糖分。酿酒师可以在尚留有一些糖分的时候停止发酵，通过杀死或分离酵母的方式酿制出甜酒。虽然这方法听起来有些恐怖，但是却十分有效。酵母无论如何都会死亡，因为事实上杀死这些酵母的正是它们自己产生的酒精。

如今，许多酿酒师不会购买为使葡萄汁发酵而使用的人工酵母，而更倾向于选择酒庄本土的或者野生的酵母。使用这些酵母的"自然发酵"，能够帮助葡萄酒获得更多的复杂度与个性。但是它们有时也不可靠，会产生预计不到的气味，导致发酵的失败。是使用本土、野生的酵母，还是引进其他人工酵母完全取决于酿酒师。如果想让野生酵母胜利完成任务，酒厂最好已经具备10年以上的酿酒经验，否则风险太大。

让我们再回到红葡萄酒。你还记得吧，我们将果汁留在桶中，它会与酵母、果皮一起进行发酵。在这个过程中，发酵会从果皮和果籽中提取颜色和单宁。酿酒师可以采用多种工艺来控制提取的速度，比如巧妙处理漂浮在发酵桶上层的果皮，促使发酵产生的二氧化碳不断上升等。通常来说，颜色和单宁提取的速度是同步的。但是利用现代的发酵桶，如与混凝土搅拌机工作原理相似的卧式旋转发酵系统（vinomatic），可以以更快的速度提取颜色，酿制出颜色浓郁、柔顺并适合在早期饮用的红葡萄酒。这种机器对酿制满足一些消费者需求的葡萄酒起着重要的作用，这些消费者很有可能在购买当天就打开饮用。

许多澳大利亚最著名的西拉红葡萄酒都是在开放式上蜡的混凝土发酵池中发酵。此外，如果传统工艺更适合所酿制的葡萄酒，酿酒师们会选择传统工艺而不是新技术。一些全新的酒厂使用类似的大桶，但是材质却是不锈钢。

黑比诺和歌海娜这类清淡型的红葡萄酒所含的颜色和单宁要比西拉和幕尔维德这类浓郁型的红葡萄酒少得多。一旦获取了足够的颜色和单宁，果汁会被压榨，从而将果皮、自流液和压榨的渣滓从中分离出来。单宁和颜色对于红葡萄酒来说十分重要，而压榨对于自流液之后的混调起着尤为关键的作用。压榨之后，果汁就会继续完成发酵，这样才形成了真正的红色色泽。发酵完成之后，我们就可以称之为葡萄酒了。

许多红葡萄酒会带着果皮直至发酵后的3~4个星期，通过保留果皮上的柔和单宁来获得更好的平衡性和丰富度。这些葡萄酒到了压榨的时候已经没有什么甜度了。

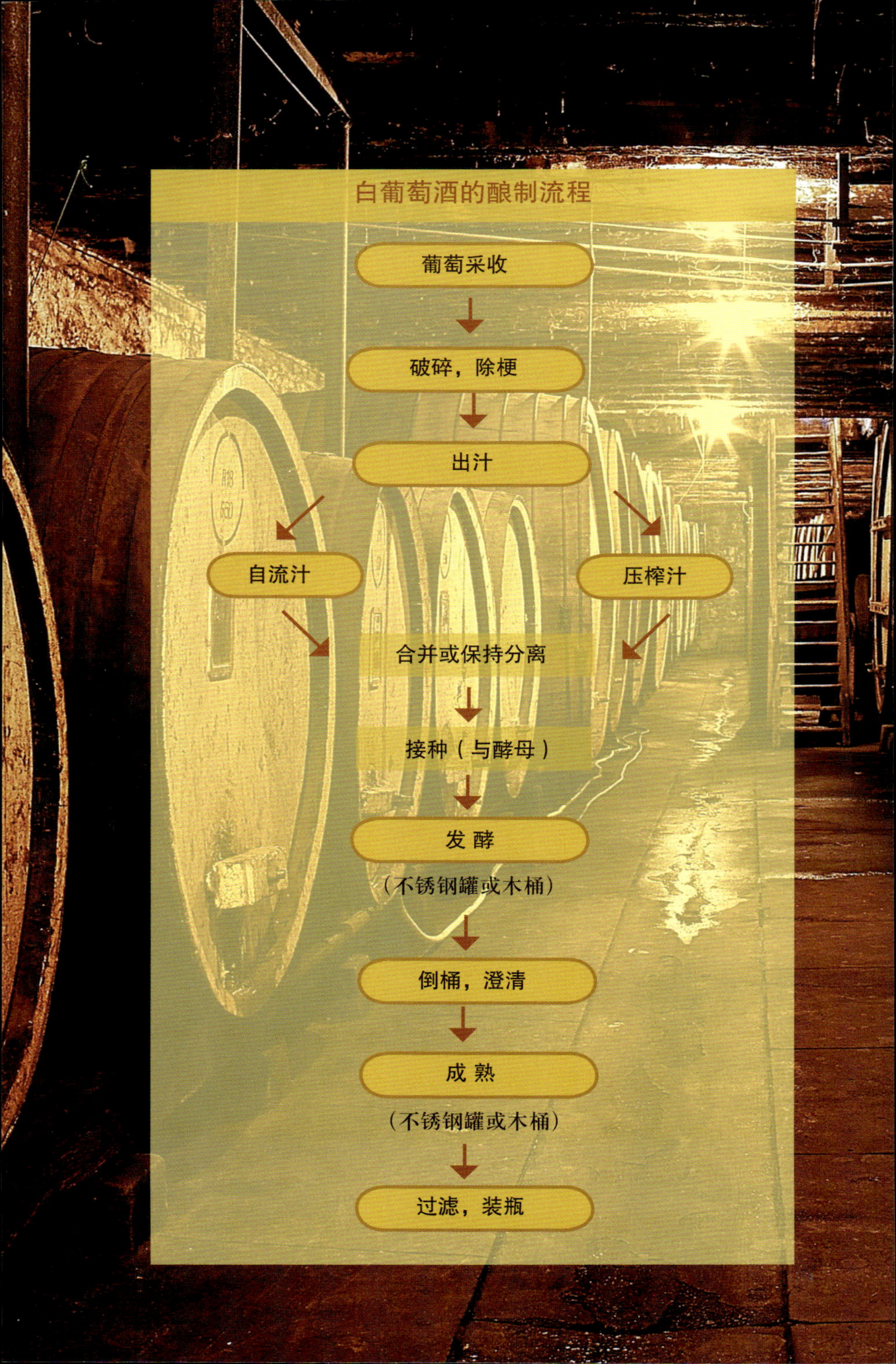

白葡萄酒的酿制流程

葡萄采收

↓

破碎，除梗

↓

出汁

↙   ↘

自流汁   压榨汁

↘   ↙

合并或保持分离

↓

接种（与酵母）

↓

发 酵

（不锈钢罐或木桶）

↓

倒桶，澄清

↓

成 熟

（不锈钢罐或木桶）

↓

过滤，装瓶

完成葡萄酒酿造

到这时，葡萄和酵母的沉淀物会在装有发酵葡萄酒的容器底部沉淀。这种沉淀物被称为"酒渣"。通过"分离"步骤，这些葡萄酒液就会与残渣分层并被取出，留下沉淀物。在酿酒过程中，这个步骤会重复好几次，从而帮助葡萄酒保持新鲜、活力并且不受到异味的影响。

在最初的酵母发酵之后，酿酒师可能会让葡萄酒再次发酵，这次是采用细菌发酵。二次发酵或乳酸发酵会将苹果酸（具有类似绿色苹果的气味）转为乳酸（具有类似酸奶的气味），后者所含的酸度较低并且会柔化葡萄酒。所有的发酵都会产生二氧化碳，此处也不例外。大多数红葡萄酒在装瓶前都要经历二次发酵，这是为了防止装瓶后产生意外的不受欢迎的奇怪物质，这些物质会破坏酒的风味，并且使酒体出现细菌性浑浊。

在果汁发酵之前，保证果汁中含有足够的酸度是十分重要的。这不仅能保护酒液不受到有害酵母菌和细菌的侵害，而且正如我在"品酒"部分提到的那样，酸对葡萄酒清爽和新鲜的口感起着不可缺少的作用。不仅如此，一瓶葡萄酒要能够在窖藏中不断改善，酸度也是最重要的条件之一。

在澳大利亚，酿酒师们会视情况在葡萄和葡萄酒中添加酸度（与葡萄天然所含的酸相同）。通常来说，由于较凉爽产区的葡萄比温暖产区的葡萄含有更高的酸度，因此酿酒师们在高品质凉爽产区酿制的葡萄酒中添加的酸要少于那些温暖产区。从葡萄酒品尝的角度来说，如果在适当的时候巧妙添加适量的酸，在成品酒中是很难被发觉的。

有时，葡萄酒在装瓶过程中会轻微冒泡，这是由于发酵之后仍然有过量二氧化碳溶解在葡萄酒中。这种现象在白葡萄酒中更为常见。如果你碰到了这种情况，只需晃动酒杯让二氧化碳挥发即可。

木头可以用来酿酒

许多葡萄酒，特别是红葡萄酒，在装瓶前都会在橡木桶中陈酿一段时间。在木质桶中，葡萄酒经历了一个缓慢且受控的氧化过程。在这个过程中，橡木会产生天然的香气并大大增加酒的复杂性。橡木有助激发葡萄酒的多种风味和特征，通常会使葡萄酒变得更醇厚丰富。这些风味常常与橡木完全无关。饼干味、黄油味、柠檬味、香草味、烘烤味和椰子味，甚至泡泡糖的气味都可能会是橡木成熟的结果。在没有盖过果味的前提下，所有这些风味都能促进葡萄酒复杂性的增加以及品质的提高。

大多数的顶级木桶都是采用欧洲橡木制成的，来自法国的橡木尤其好。不同国家的橡木都有着各自独特的香气和特征。一些品尝高手甚至能够辨别出法国不同森林里橡木之间的差异，但我至今还未碰到过有人能够分辨出木头来自树木的哪个部位。

酿酒师们能够在酿酒过程中控制融入酒体中橡木特征的量。新橡木桶比旧橡木桶拥有更多的特征；小橡木桶比大橡木桶拥有更多的特征；在橡木桶中的时间越长，则会获得越多的橡木气息。在成长速度快的肥沃森林里，树木通常

纹理较粗。当这样的橡树被做成橡木桶时，能够很快将自身的特征带入葡萄酒中。而生长缓慢的树木制成的橡木桶则结构精细，纹理紧实。大多数的顶级葡萄酒都是在这种结构细密的橡木桶中进行陈酿，这样能够使酿酒师更好地控制葡萄酒获取橡木气息的速度以及能尽情地按照自己的方法来酿制葡萄酒。

许多葡萄酒的酒标上都声称酒是在100%新橡木桶中陈酿而成的。这是一种华而不实且具有冒险性的做法，因为100%新橡木的气息很有可能盖住酒的果香。更常规的方法则是使用1/3新橡木桶、1/3一年的橡木桶以及1/3两年的橡木桶。真正能够经受100%新橡木桶陈酿的只有那些醇度、风味及结构层次极为深厚的葡萄酒。

在全新的小橡木桶中陈酿葡萄酒是十分昂贵的，因为从国外进口的小型新橡木桶要耗资数百澳元。如今，许多澳大利亚酒厂都采用在不锈钢桶中加入橡木板或木屑这种方法来酿造价廉又带有橡木气息的葡萄酒，这与茶叶制茶的方法大体上相同。这种方法奏效很快并且成本很低。虽然它不能完全模拟橡木桶中真正的陈年过程，但这种差异很难被觉察出来，特别是在处理得当的情况下。

将平静葡萄酒变成起泡酒

以法国香槟区酒为典范的起泡酒，无论是在品饮方面，还是在酿制工艺方面都十分引人注意。传统的"香槟酿造法"（Methode Champenoise）如今在全世界范围内被广泛应用，而在澳大利亚的许多酒区，特别是在凉爽的产区，这种方法被用来酿制精致的起泡酒。如果你在酒标上看到了这一字眼，它代表着这些酒获得气泡的方法与法国人在Gosset香槟中加入气体时所采用的方法是一样的。

Don Pérignon修士发明了将气泡加入酒瓶的方法；而值得尊敬的寡妇凯歌夫人（Madame Veuve Clicquot）则发明了香槟除渣术，将死掉的酵母分离出去。

首先是酿制一款白葡萄酒，发酵至干性。溶入一点糖分，加入精选的酵母并装瓶，这个工序称作"发泡"。这时葡萄酒会再次发酵，但是这次二氧化碳会被禁锢在瓶中，从而产生那些美妙的气泡以及更多的酒精。过了一段时间后，瓶中会留下大量的沉淀酒渣，这些残渣在葡萄酒装瓶出售前需要被清除干净。

伟大的凯歌夫人是最早开始研究如何解决这个问题的人。定期地旋转和翻转酒瓶，然后将其颠倒放置在特殊的架子上或香槟桌上，残渣就会聚集在瓶塞部位。这个过程被称为"吐渣"，而整个过程需要由技术精湛的转瓶工人来负责，他们能够以令人惊讶的速度熟练地完成这一操作。如今，大多数的酒商使用自动沉淀转移装置（gyropalette），这种大型机器能够精准地模拟这一过程。

一旦所有的沉淀物都聚集在瓶塞部位，酒瓶的瓶颈处就被快速冷冻，之后酿酒师会迅速打开瓶塞。在这个"冰冻除渣"的过程中，酒渣以喷发的方法冲出酒瓶。

此时，酒瓶中的酒减少了，需要重新装满。瓶中的葡萄酒变得非常干，毕竟它们经历了两次发酵。这个在塞瓶塞前进行的最后一个步骤决定了葡萄酒的风格。即使是那些标着"Brut"（意为干）的一点儿也不甜的干型起泡酒，在封瓶前也会被加入一点甜酒，当然除了一些十分少见的Natur Brut 或Brut Sauvage之外。

甜型或半甜型葡萄酒则是在瓶中添加一种称为"酒糖混合液"的液体。碰巧的是，起泡酒也是唯一一种被允许以这样或那样的方式添加糖分的餐酒。通过采用"taché"的方法——添加红葡萄酒至酒液中，可以将其颜色转为粉色并酿制出桃红起泡酒。

起泡酒的质量很大程度上取决于

起泡葡萄酒的酿制流程

基酒

（通常为黑皮诺－Pinot Noir、霞多丽－Chardonnay和比诺莫尼耶－Pinot Meunier）

↓

添糖，在瓶装基酒内加入糖与酵母调配混合物

↓

二次发酵

（起泡，瓶中留下酵母沉淀）

↓

发泡葡萄酒成熟

↓

转 瓶

（使酵母沉淀到倒置酒瓶的瓶口）

↓

吐渣，去除沉淀

↓

补充加满

（通常加入微甜甜酒）

↓

打 塞

二次发酵和冷冻除渣之间葡萄酒在瓶中的时间，以及与发酵后的酵母细胞的接触，接触过程中往往会产生其他的沉淀或酒渣。这段时间越长，酵母对葡萄酒产生的作用就越强。酵母味通常会与肉味、面包味和面团味联系在一起，但这种气味通常非常令人愉快，并且是一瓶优质葡萄酒的特征之一。

年份较好的起泡酒（采摘同一年的葡萄）与酵母渣的接触一般在两年以上。在法国，有年份的香槟则需要花上三年的时间。澳大利亚顶级起泡葡萄酒也通常会采用这种做法，其中的一些甚至会陈酿更久。

加度酒（fortified）与索莱拉（solera）

加度酒的酿制方法是在发酵中或发酵后的餐酒里加入额外的酒精液。在甜型加度酒（如澳大利亚一些麝香风格的酒）的酿制过程中，通常在酒液发酵到理想甜度时加入中性的葡萄酒精（如果是较贵的酒，则加入白兰地）。这些酒精会迅速杀死酵母并停止发酵。干型加度酒是在葡萄酒完全发酵后加入酒精，它的酒精含量必须在17%以上，甚至更多。因此，比起餐酒，加度酒的力度更强劲，通常选用较小的酒杯。

在加度酒酒瓶上你很少能看到年份。大多数的酒都采用非比寻常的雪利酒处理程序索莱拉（solera）或其衍生方法进行勾兑。这种方法的理论基础源于这样一种说法：在一桶陈年很久的酒液中加入年轻的加度酒，酒的口味仍然会与陈酒的一样。多么神奇！在实际运用中，索莱拉需要一系列的橡木桶来实现。

设想在你面前有一堆叠放有序的橡木桶，存放最陈酒的木桶在最底层。从底层开始，每个橡木桶中大约有1/3的酒会被取出装瓶，留下空间存放从上一层橡木桶中移出的酒。这就形成了层叠效应，上一层的酒会被依次取出再放入下一层中。通过这种方法，最上层的橡木桶将永远留有空间给新一年的酒。

最新橡木桶中留下的空间被新的年轻酒占据。通过这种方法，你永远可以得到最优质的陈年雪利酒，这简直是太棒了！

澳大利亚的酒厂，特别是那些位于较温暖地区的酒厂，长期以来生产各种加度酒。一些酒的风格与西班牙的雪利酒非常接近，从特干型到特甜型一应俱全。其他一些酒则是澳大利亚的创新，比如用路斯格兰和格里菲斯地区种植的麝香葡萄酿制成的甘美甜酒以及布诺萨谷和迈拉仑维尔出产的古老橡木陈酿的西拉陈年加度酒。

　　葡萄酒品尝从本质上说包含了三个部分，而第三部分——品尝本身则是在之前两个步骤完成后才进入的一个程序。首先，我们要观察葡萄酒。使用一个干净的酒杯，最好是郁金香形的酒杯并且无缺口或凹槽，握住酒杯的高脚，这样你的手就不会接触杯底，手的温度也不会影响葡萄酒从而使其温度超过最佳饮用温度。在酒杯中倒入葡萄酒直至酒杯内径最宽处（事实上试酒杯的最宽点都比较低），这样你就做好品酒的准备了。

🍷 葡萄酒的外观

在酒杯底下衬一张白纸，将酒杯倾斜。这一切最好在灯光明亮的地方进行，这样葡萄酒的颜色更容易被察觉。白葡萄酒在年轻时呈浅绿色，随着不断的陈年则转为稻黄色，然后是黄色，直至琥珀色或棕色。通常到那时候，葡萄酒已经过了最佳饮用期。在木桶中陈年的白葡萄酒通常颜色较深，这是由于酒在橡木桶中经历了缓慢且受约束的氧化过程，而这本身也是一种陈年的形式。

红葡萄酒一开始呈现出紫色，之后转为紫红色、红棕色到最后的茶褐色。通常来说，这表明酒的状态良好，并且已经达到了它的成熟期或者也许已经过

了巅峰期。

现在检查酒的清澈度以及明亮度。除了一些未经过滤的黑比诺（很少见）和霞多丽（更少见），所有的葡萄酒看上去都应该是澄清透亮的。一瓶葡萄酒不应该呈模糊、浑浊、雾状或者呈现出任何之前未提及的颜色，不过歌海娜酒有时会在边缘呈现出蓝色调。测试的方式则是握住酒杯从杯壁或从杯顶直视酒杯，若发现些许木塞屑、结晶体或沉淀（通常与葡萄酒本身颜色一样）都无须紧张。只要在饮用时小心倒出或使用醒酒器，以避免结晶或沉淀倒入酒杯中即可。

🍷 葡萄酒的香气

接下来就要用你的鼻子了。受过训练的品酒师在闻酒时的动作让人印象深刻，下面就是他们操作的方法。

握住酒杯的高脚，摇晃杯中的葡萄酒一到两次。将你的鼻子探入杯中（记住千万不要在酒杯中倒满酒），在酒水晃动还未完全停下来之前深吸一口气。这样，香气是不是变得更加馥郁？不用担心，不久你就会习惯其他人看你的眼光了。

葡萄酒的香气可以分为以下两种：来源于葡萄的香气，又称"芳香"；以

及由于葡萄酒本身在瓶中发酵时聚集的香气成分分裂并在酒中重新组合所散发出的香气，统称为"醇香"。年轻葡萄酒的香气通常以果香为主，而成熟良好的陈酒可以散发出几乎100%的醇香。一些经典葡萄品种的芳香和醇香，如赤霞珠和雷司令，始终如一，饮用者能轻松地感受到。这时候问题则变成你是否了解自己能够从中期待什么。

随着葡萄酒的陈年，醇香变得愈加温和，这是因为酒中不同的成分和谐地融合在了一起。如果陈年过度，酒就会

变得平淡，失去它的品质，并且香气也会倾向单一化。陈年过度的葡萄酒会变得乏味并散发出类似太妃糖味甚至是醋味。这种情况下，酒已经开始酸化了。

鼻子是可以探知酿酒有无瑕疵的重要工具。如果闻到腐烂蔬菜味、马毛味、洋葱皮味或是异物味，就表示酒存在严重的问题。一些过失可以被容忍，很大程度是因为不同的人对不同气味的忍受力存有差异，但只要最后的口味还算令人满意，一些人对轻微的瑕疵是不会介意的。

葡萄酒的口感

最后，开始品尝葡萄酒。品尝时要有自信，喝上一大口，没有必要为了假装礼貌而浅啜即止。稍许撅嘴吸入一点空气，这样可以帮助香气的散发并将信息传达到你的大脑，这也是你感知气味的地方。再来一次，这样就能发现香气的浓郁度。

嘴巴对葡萄酒的品尝能力是十分有限的，正如我前面所描述的，大部分葡萄酒的香气都已经产生。除了能够探知冷热感的风味（如咖喱和薄荷），舌头只能分辨出四种味道：舌尖可以探知甜味，舌头两侧前端可以辨析咸味，舌头两侧可以感知酸味，舌根部位可以辨别苦味。

通常而言，口腔前部可以感受到果味，在那里你还可以探测到酒是甜还是不甜。酸度和甜度可以互相掩盖，因此你常会怀疑，是不是其中的一种味道根本不存在。混淆葡萄酒的果味和甜味的现象也是非常常见的，这也是你在试图描述它们的时候会遇到的一个陷阱。

对所有葡萄酒来说，酸度都是必不可少的。因为它不但能够增加酒的新鲜度，使其风味变得更加圆润，而且还是酒抵御细菌破坏的保鲜剂。缺少酸度的葡萄酒口感十分肥厚，结构松散并且过分厚重，余味短暂。酸度可以加强口感的完整性。

单宁可以来自于果皮、果梗和果籽，如果葡萄酒是在木桶中成熟或发酵的，一些单宁还可以从新橡木中提取。虽然木桶培育的单宁通常会比较柔软，两种方法提取的单宁都会带来苦涩的口感（别有一番风味）并会侵蚀你口中的蛋白质，无须过分担心——没有人因此而接受手术。葡萄酒中的单宁与浓茶中的单宁很类似，都会产生相同的味觉效果。

葡萄酒应该对上腭前端（牙齿周围）产生一定的影响，口感也会随着上腭一直延伸到舌根部位。此外，在咽下酒或吐酒后，酒的香味应该仍然存在，这就意味着风味具有持久性。

一款葡萄酒的所有方面，无论是质地还是风味，都存在着某种形式的和谐与平衡。因此，一款酒无法只用单一的形容词来描述，譬如只评价有橡木桶单宁味或酸度，这样就掩盖了其他的特征。当然，果味是一个合理的例外，它是一款好酒唯一不可比拟的核心特征。精品葡萄酒的各个组成成分之间都十分和谐与平衡。虽然它们在年轻的时候口感会过于紧实、单宁过重。甚至连传统澳大利亚窖藏风格的西拉和赤霞珠都需要具备良好的平衡性，才能经受住时间的考验并随之不断完善。

酒精对品尝葡萄酒的影响

在现代葡萄酒中，不同的葡萄酒驾驭较高酒精度的能力极限也各有不同，其中的一些酒精度达到了15.5%甚至以上。这很常见，但是通常又能够反映出这样一个事实——酒精会给不同品种葡萄酒的口感和质感带来强烈的、无可否认的、甚至完全不必要的（个人观点）影响。不过，我要指出的是我偶然也会碰到一些酒精度含量超过这些水平的餐酒。

对雷司令来说，如果酒精度超过

12.5%，品尝起来有热感并且酒精味十分突出。它的口感结构非常平淡，并会对口腔产生刺激感。霞多丽（勃艮第风格）则更加浓郁、丰富并且上腭中段的口感十分强劲，这也是酒精作用能够被感知的时候。因此，它可以从某种程度上掩饰酒精的作用。但是我仍然对酒精度达到14%以上的霞多丽持怀疑态度。长相思的酒精度在两者之间，最多不超过13%；而赛美蓉的酒精度在12.5%或更低的时候，特别是未经橡木桶陈酿的，酒体更为平衡。

赤霞珠典型的特点则是中段口感比较单薄，酒精味占据了主导。然而，较温暖季节生产的葡萄酒会含有更多的酒精量，而口感也会更加丰富。由100%

赤霞珠酿制而成的葡萄酒，只有足够出色浓郁才能平衡超过13%的酒精度，如果加入了梅鹿辄（主要体现在中段口感上），酒体可以平衡14%的酒精度，如果超过了这个量，我对酒的品质则深表怀疑。

西拉以及其他隆河谷品种的中段口感十分强劲，特别是在较温暖、较成熟的季节。然而，我仍然对一些酒精度超过14.5%的"强劲"西拉感到担心，过几年后他们的酒力会更强。我还未品尝过酒精度15.5%及以上的西拉，它们并不见得会比那些酒精含量较少的要好。奇怪的是，虽然黑比诺以异常娇贵著称，但它却能够轻松地驾驭13%或更高的酒精度。

葡萄酒与中餐搭配的主要规律

1. 雷司令是可以用来搭配各种中餐的百搭品种。带有轻微辛辣度和新鲜酸度的雷司令适合许多菜肴，而那些带少许甜度的则可以与一些带咸味和辣味的酱料共处。干型雷司令的酸度又能利落地与放了生姜、葱和酱油的蒸鱼平衡。

2. 含有草本香气的葡萄酒，如长相思或凉爽产区的年轻赤霞珠，可以用来搭配加入芫荽叶和红罗勒这类草本配料的菜肴。

3. 酒体较轻盈的西拉和添普兰尼洛能够与腊肉和咸肉和谐地搭配。它们的单宁和酸度能够去除这些食物的油腻感。

4. 黑比诺和桑娇维塞可与中国的香肠很好地搭配。

5. 在烹饪过程中加入生姜的菜肴搭配维欧尼风味极佳。

6. 选用真正新鲜、活泼的葡萄酒来搭配文火慢炖的肉类。

食物和葡萄酒互为彼此而生。与葡萄酒相比，没有任何一种其他饮料能够在与食物搭配时显示出如此的多样性和互补性。一些葡萄酒只有在与适合的食物搭配时才能展示出其最佳的状态，特别是那些成熟的葡萄酒。

美食与美酒搭配的尝试永远没有停止过。一些老式的规则往往构思欠佳，他们的动机也备受质疑。尽管很难将葡萄酒与食物之间的联系概括起来，有一些指导还是可以作为参考，并仍能让你充分发挥灵活性和创造性。

葡萄酒与食物的搭配颇有哲学意味。把葡萄酒当做你面前那顿美食的延伸，就像你在做菜和点餐时的思维，在选择葡萄酒时同样可以采用相似的方式。

搭配的目标在于通过巧妙地勾勒出葡萄酒与食物之间细微的差别，来突出两者各自的优点和个性。如果食物与葡萄酒在风味上和特点上都十分相近，那么它们之间就会产生竞争。因此，酸度较高的脆爽葡萄酒就不适合用来搭配酸度高的菜品——它会与食物相互排斥。在搭配时一定要保证两者之间的区别，这样你在享用美食和品尝美酒时注意力才能够不断地切换。食物和葡萄酒之间不应相互抵触，当然也不应出现某一方占据主导的现象。

在搭配中，色泽、质地、饱满度、紧密度和风味都是需要考虑的方面。最简单的原则"白酒配白肉，红酒配红肉"其实过于空泛，并不实用。特别是中餐，你必须知道菜肴的主要香味和质感来自何种物质。是来自海鲜，还是来自混合了干辣椒和花椒的调味品？畜肉类、禽肉和鱼肉在烹饪的过程中很有可能失去了原来的风味，因此根据调味品和酱料的味道来选择合适的葡萄酒是一个更为明智的做法。举例来说，一条蒸鱼在制作的过程中有可能会加入酱油、糖、海鲜酱、生姜或葱，其中的每种调味品都会对菜肴的口味产生影响，因此要根据这些来选配葡萄酒。海鲜酱特别需要葡萄酒中的甜味来补充，这种甜味可以来自饱满的霞多丽，也可以是带有一些残糖的晚收型白葡萄酒。

因此，如果你正在准备适合搭配葡萄酒的中餐，尽量不要选择一些搭配难度很大的传统菜肴调味料，如蒜粒或咸味豆瓣酱。这样才会使你的食物与葡萄酒之间的搭配变得更加容易。

食物与葡萄酒搭配的主要规律其实很简单：只要能够给你带来乐趣，那就是好的搭配。因此，你可以不断地尝试，发现自己最钟爱的组合。

粤菜

虽然粤菜中的青椒可能会对葡萄酒的口感造成伤害，但在中餐中，粤菜可谓是最容易与葡萄酒搭配的菜系了。稀有的白葡萄品种阿内斯能够酿制出新鲜、纯净以及风味馥郁的葡萄酒，它们与许多粤菜都能完美地搭配。其他能够与粤菜中的海鲜搭配的流行品种包括未经橡木桶陈酿的雷司令、白诗南、长相思和阿尔巴利诺。阿德莱德山的长相思与炒豆子或扇贝炒豆荚、扇贝炒四季豆搭配尤其出色。

更加精致的粤菜的风味可能会被充满辛辣味和香气的品种（如麝香葡萄和格乌兹塔明娜）盖住，因此在搭配前最好先试验一下。赛美蓉，特别是猎人谷烘烤味更重且更加甘美的陈年赛美蓉，搭配这些菜肴出奇美味。

在搭配广式早茶及点心时，可能需要考虑点心的油腻。举例来说，如果点心中包含大量的猪肉，那么酸度较高的脆爽白葡萄酒则是最佳的选择；而汁水丰富的海鲜饺则与口感新鲜的年轻雅拉谷霞多丽或更为轻盈的莫宁顿半岛黑比诺搭配十分完美。

当你想要为粤菜的重要部分——各类烤肉选配葡萄酒时，不妨尝试一些好的红葡萄酒。用不同的红葡萄酒搭配这类菜肴中的香料与调味汁，首先要考虑葡萄酒的辛辣味和饱满度。库拉瓦拉的赤霞珠与豆豉和蚕豆酱搭配十分鲜美。

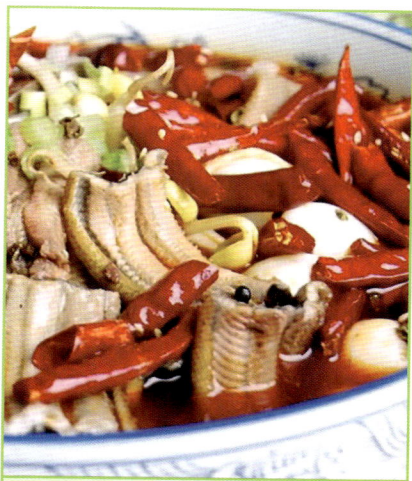

川菜

川菜强烈辛辣的烹饪方式，让葡萄酒选配变得非常具有挑战性，特别是那些加入干红椒、蒜粒和花椒的菜肴。因为蒜和红辣椒的酸度以及花椒的浓重口味会令这些菜肴与葡萄酒的搭配更加困难。

搭配辛辣的川菜，可以选择经橡木桶短暂陈酿或未经橡木桶陈酿的歌海娜。许多布诺萨谷和迈拉仑维尔的歌海娜、西拉和幕尔维德的混调酒也是合适的选择。如果你更倾向于清淡型的葡萄酒，那么可以选择桃红酒。这些葡萄酒的饱满度和水果的甜度能够镇住菜肴中的辛辣。凉爽产区（特别是来自维多利亚的产区）的西拉则是另外一个不错的选择，尤其是搭配牛肉。如果葡萄酒的酒精度过高，有可能会增加菜肴原有的辛辣味。

另一个能很好地与川菜的酸度和辣味匹配的品种是黑比诺。起泡红葡萄酒（特别是西拉起泡酒）的绵密、柔顺度和带肉味等特征也能够达到这个效果。而稍甜的葡萄酒，如稍甜或晚收型的雷司令、甚至是格乌兹塔明娜或灰比诺也是可以用来搭配香料和红辣椒的选择。

鲁菜

干型白葡萄酒是鲁菜中海鲜菜肴的最佳拍档。较为精致的菜肴则能与清澈细腻的雷司令良好地搭配，而塔斯马尼亚的灰比诺或酒体更为饱满的玛格丽特河霞多丽能驾驭口味更浓郁丰富的菜肴。干型的灰比诺可以与鲁菜中常用的香料、芝麻油、辣椒油、醋以及糖轻松搭配，而格乌兹塔明娜的辛辣味和花香使其与来自山东北部的菜色能够很好地结合。菜肴所散发出的香味还可以用葡萄酒自身的果味来加强，产生和谐的混合风味。

由于北京宫廷菜肴也受到了鲁菜的影响，因此北京烤鸭也十分值得一提。如果烤鸭比较肥腻，并且带有大量的鸭皮，那么不妨选择布诺萨谷或迈拉仑维尔更为饱满的歌海娜和西拉。不过，要记得选择年轻的酒，如果没有，则用具有一定酸度的酒，因为你需要酸度来保持口感的新鲜。如果是西式做法的鸭肉菜肴，或许选择黑比诺会更好，因为它的饱满口感与多汁的质地能够与任何一款鸭子菜肴完美地搭配。

淮扬菜系中的猪肉、绿色蔬菜、海鲜和生姜与轻盈至中等酒体的红葡萄酒（如塔斯马尼亚的黑比诺或凉爽的维多利亚地区的西拉）搭配十分完美。另外一个选择是中等酒体的白葡萄酒，如轻盈的阿德莱德山霞多丽或西澳大利亚赛美蓉和长相思混调酒。

淮阳菜

许多证据表明，适度饮用葡萄酒对人体无害。男士每天饮用两杯葡萄酒，女士每天饮用一杯，会对健康产生无形的帮助，并且可以使人活得更开心、更长寿。

与一些健康学家的观点相反，酒精对人体来说并不是"外来"元素。动物（特别是食草动物）生来就具备分解、利用以及代谢酒精的有效系统，通常肝脏会具备这个功能。动物甚至能发酵体内的酒精，人体在正常情况下每天会产生1～10克的酒精。一些接受过肠切除手术的病人甚至不用闻一下酒，就能用身体产生的酒精把自己灌醉了。

医学表明，有规律地适度饮用酒精饮料会产生有利作用，从而减少心脏病的发病概率。

有利作用	·增加血液中高密度脂蛋白的浓度
	·降低血液中低密度脂蛋白的浓度
	·降低血块的形成几率
	·分解已经形成的血块

高密度脂蛋白被认为是"好的胆固醇"。它能够将动脉中的胆固醇运送到肝脏，经过新陈代谢后将胆固醇排出体外，并且能够降低低密度脂蛋白在血流中的浓度。低密度脂蛋白则被看做是"坏的胆固醇"，一旦过量，它所含有的胆固醇便会积存在动脉壁上，时间久了容易引起动脉硬化或其他心肺疾病，如高血压及心脏病的发生。

此外，一系列的研究证实了饮用酒精与长寿之间的联系。举例来说，美国加州奥克兰凯泽永久医疗中心心脏研究科主管亚瑟·克拉基斯博士发现适度饮酒者的寿命要比禁酒者以及嗜酒者的寿命长；同时，每天饮用一到两杯标准量酒精饮品的人所承受的死亡风险也是最低的。

葡萄酒、啤酒以及烈酒都因含有酒精而对人体的心肺器官产生着一定的影响。但是由于葡萄酒同时含有其他化学成分，如苯酚物质，所以对心肺的帮助比后两者要大。此外，由于红葡萄酒品种的果皮比白葡萄酒品种的果皮含有更高浓度的苯酚物质，因此比起白葡萄酒，红葡萄酒对于心肺产生的有利作用则更大。

医学研究显示，葡萄酒中含有的苯酚物质具备以下作用，从而降低心血管疾病的发病风险。

降低危险

- 预防低密度脂蛋白的氧化
- 减少血块的形成几率
- 重建血压变化时血管的扩张和收缩功能

即使我们考虑到许多饮酒者习惯食用低脂肪含量食物，常吃水果，不抽烟，有规律地进行锻炼并且体重指数较低，葡萄酒饮用者、啤酒饮用者以及烈酒饮用者所承受的患心肺疾病的风险大小仍然存有差异。

哪些酒需要在酒窖中贮存?

任何一支能够经受长时间窖藏的葡萄酒都必须具备一定条件。首先,葡萄酒在其年轻的时候拥有一定的果味,即便这支酒的风格十分精致内敛。它的果味应该可以充盈整个上腭。

葡萄酒最主要的保鲜剂是酸,舌头的两侧可以感知这种味道。酸会突出余味,正如句号代表一个句子的完结。酸有助延长葡萄酒的寿命并保持其新鲜度。葡萄酒若酸度不够,经过一两年后,口感就会流失。即使是对甜酒来说,酸和果味也都是必不可少的,比如苏甸酒和德国精选甜酒,这两者都是经典的窖藏型白葡萄酒。

同时,单宁也是要考虑的影响红葡萄酒陈年潜力的一个重要因素,在"葡萄酒在酒窖中应该储藏多久"部分中有详细的探讨。

平衡性,即葡萄酒各种成分之间如何互相协调,是窖藏潜力的又一重要因素。具备良好窖藏潜力的年轻葡萄酒口感强劲较难入口,拥有大量的果香、橡木味和单宁,即便是处于年轻时,也不应出现某一特点过于醒目的迹象。许多来自新世界和欧洲的新生代高酒精度葡萄酒,其年轻的果味会掩饰酒的酒精力度以及在口中产生灼热感。果味会随时间推移而日渐衰退,但酒精度却不会。因此,随着酒的不断陈年,这些葡萄酒的平衡性就会越来越差。

葡萄酒是如何成熟的?

许多人对葡萄酒如何随时间而变化存有错误的看法,这可以理解。葡萄酒并不是单纯地在其年轻时表现的基础上变得更强劲或更富表现力,而是不断地进化,有时甚至会经历色泽、香气和口感的神奇变化。

葡萄酒的陈年过程是葡萄酒鉴赏中最复杂也最少被理解的一方面。它包含了年轻葡萄酒中不同分子之间缓慢且受控的氧化和聚合过程。氧化可能是由于在装瓶前,一些氧气融进了葡萄酒。按照最新的理论来说,就是少量的空气通过木塞边缘进入了葡萄酒中。

外观是如何变化的?

由于白葡萄酒随着陈年,色泽会越来越深;而红葡萄酒却恰恰相反,会越变越浅。因此我建议在挑选成熟的葡萄酒时选择颜色相对较浅的白葡萄酒和色泽较深的红葡萄酒。当白葡萄酒不断成熟的时候,它们的绿色调会慢慢地消失,变成稻黄色,接着转为黄色、金色,最后变成琥珀色和棕色,那个时候葡萄酒已经陈年过头了。用橡木桶陈年的葡萄酒在装瓶之前有更多的机会接触氧气,因此在上市时,会呈现出更偏黄的更成熟的色泽。

大多数白葡萄酒在酿制过程中,葡

萄果皮会迅速被剥离；而红葡萄酒的颜色却是由发酵过程中从葡萄果皮提取的花青素而来的。花青素首先经过氧化后从紫色转为红色，之后缓慢地由红色变成棕色；红葡萄酒的颜色会相应地由紫色变成紫红色、砖红色、红棕色甚至最后的茶色，这时酒的巅峰期已过。

芳香与醇香

为了便于理解和沟通，我们将葡萄酒的香气分为两种。首先是芳香（Aroma），它是指葡萄酒在年轻时散发出的清新香气，主要来源于葡萄的原始果香和酿造过程中所产生的香味，如橡木桶带来的坚果、香草或烘烤味，二次（苹果乳酸）细菌发酵中直接产生的太妃糖、奶制品、熏肉味或奶油糖果味。奶油味和酵母味很有可能是因为大面积地接触了橡木桶中腐坏的酵母细胞，而把葡萄整颗发酵的方法会使葡萄酒的果香变得像果酱甚至糖果般香甜。

几乎不论在何处种植，赤霞珠的主要风味——黑醋栗、深橄榄和辣椒味都会出现在葡萄酒中，而长相思始终保持着浓郁西番莲和醋栗的香气。

鼻子所能嗅到的第二重味道则是醇香（Bouquet）。这些香气不会在年轻的葡萄酒中显现出来，而是长期在瓶中陈年或在橡木桶中成熟的过程中产生的。虽然瓶中陈年的澳大利亚雷司令所散发出的经典烧烤味、蜂蜜香和汽油味与年轻

雷司令散发出的香气大不相同，以致人们常常惊讶于它们是否是同一种酒，但与芳香相比，醇香并不那么明显，并不易被察觉，这也是它的第二个特点。

随着酒的成熟，其中所含的不同组成部分，包括果味、橡木、单宁和酸度都会改变，并且最好能以一种和谐且悦人的方式融合在一起。当酸与乙醇（酒中所含的酒精）混合，会形成一种复杂的挥发性酯，而乙醇自身的氧化则会产生乙醛。最后，这种酯化现象会减低年轻葡萄酒中常见的涩感酸度，并使其变

得更加柔软。

一些优质的红葡萄酒在酒窖中能够变得十分出色，它们最初的成熟香气会越变越复杂，越来越难以辨认。赤霞珠的第二层香气类似雪松、紫罗兰和雪茄盒的味道。对一些美食家来说，他们甚至可以品尝到犹如松露般的风味。

葡萄酒的口感如何变得醇厚？

葡萄酒的颜色随着时间的推移会变得越来越深，而它的口感在不可避免地下滑之前会先经历一个变得丰满和圆润的过程。葡萄酒如果过分成熟，就会因为酸度不够而无法产生持久的口感；此外，氧化产生的类似太妃糖、腐烂苹果味和醋味会成为主导气味，酒也会失去其应有的浓郁果味。

一些黑比诺在瓶中陈年的前两年就能建立起它的酒体；与之不同的是，大多数的红葡萄酒在陈年过程中都经历着逐步完善的过程并受到不断增加的约束。对红葡萄酒来说，瓶中的陈年和酒的成熟与酒中单宁的聚合有着密切的联系，聚苯聚合物本身即是从葡萄果皮和橡木桶中提取的。一旦它们结合，之前相对较小的分子在陈酒中会变大，葡萄酒中单宁的作用（无论是对口中蛋白质产生的刺激感或是产生的干涩和生硬感）都会相对减弱。当它们聚合时，聚苯和单宁通常会与颜色和酸度结合在一起，从而在成熟的葡萄酒中产生结晶和沉淀。随着葡萄酒的不断陈年，单宁产生的效果会越来越弱，葡萄酒也会变得柔软顺滑。

因为微小的单宁群不容易被感知，我们通常会忽略它们的存在。随着瓶中陈年不断扩大的分子，需要时间发展到能够被味觉感知的阶段。这也是一些口味平淡、无特点的黑比诺能够不可思议地在瓶中变得饱满、厚重并且结构丰富的原因。

酒瓶中葡萄酒容量的变化

任何窖藏葡萄酒或购买过成熟年份葡萄酒的人都会发现，酒瓶中的实际容量要比酒标上标注的容量明显减少。欧洲长期流传着这样一个说法：是天使分享了瓶中的葡萄酒。它确实发生了。我们使用"瓶颈留空"来表示这种容量损耗。

与瓶颈留空现象严重的葡萄酒相比，容量损耗比预期要少的葡萄酒有可能处于更好的状态。事实上，我们并不希望看到非常成熟的葡萄酒的"瓶颈留空"很大。瓶空越严重，说明进入瓶中的氧气越多，从而因氧化引起的葡萄酒污染的风险也更大。季节交替引起的温度变化对瓶内产生正压和负压，在这个过程中，瓶中少量的酒液会溢出。瓶颈留空是很难察觉的，发现肉眼可见的渗漏通常需要立即采取行动。如果酒尚年轻并且价格不菲，那么应当给酒瓶重新换上木塞，不然就立即享用，如果你舍得的话。

当决定是否要开启或购买成熟的葡萄酒时，请牢记以下几个要素：如果酒瓶的容量比预期的要少，风险则会更大；如果是白葡萄酒并且它的颜色很深很暗，这瓶酒很有可能已经过了它的巅峰期；同理，如果红葡萄酒的颜色过分稀薄或出奇淡，那么它多半已经过度成熟了。

最后，当你打开一瓶非常成熟的陈酒时，请记住葡萄酒在陈年过程中几乎耗尽了氧气，但是在开瓶时，葡萄酒又会迅速地从空气中重新获取氧气。这可能会带来过多的氧化，使酒的香气变得平淡无味并散发出醋味和乙醛味，酒的口感也会变得单调乏味。不要让葡萄酒暴露在空气中过久，把酒倒入酒杯中立即享用即可。

如何贮存葡萄酒?

木塞封瓶

如果葡萄酒是使用木塞封瓶的，那么将酒瓶倒放，如果条件不允许，平放亦可。虽然一些科学家们提出垂直放置的葡萄酒表面和木塞之间的部分水压足够使木塞保持湿润，但我不打算冒这个险。如果木塞变干，空气就会进入酒中，这具有很大的破坏性。越来越多的红葡萄酒和白葡萄酒都使用螺旋塞，以延长寿命并防止木塞污染，这样做的附加好处是贮存的时候不用特别照料。螺旋塞封口的葡萄酒的陈年能力，常常令我惊喜不已。

避光保存

将你的葡萄酒避光保存。超强紫外线能够在一定程度上穿透大多数的玻璃瓶（特别是十分清透的那种）并氧化瓶中的葡萄酒。这也是为什么那么多酒窖的灯光都比较昏暗的原因所在。如果你没有足够的空间建造一个黑暗的酒窖，那么可以将你的酒放在箱子中或用厚重遮掩物覆盖的地方。

处于不受干扰的状态

确保你的葡萄酒处于静止和不受干扰的状态。有规律的振动会加速葡萄酒的陈年过程。此外，你不需要每天早上转动葡萄酒，虽然有些人是这么做的。这种做法始于一些英国绅士，他们采用这种隐秘的方法来检查仆人是否在未经允许的情况下私藏葡萄酒。因此他们这样做的目的只是为了清点自己的库存。

保持稳定低温

温度要保持稳定低温。关于理想的窖藏温度，一直众说纷纭。就我个人经验而言，如果酒窖的温度超过18℃，那么酒的陈年速度就会过快。如果温度在10~12℃，那么陈年又会变得十分缓慢，而对一些酒来说，则尤其慢。14℃左右是比较理想的。在澳大利亚的大部分地区，你都需要对温度进行控制。最重要的是，即使酒只保存几个月，早晚及季节的温差变化也是必须要避免的。因此，你应将葡萄酒放在远离窗户或外墙（除非它足够厚）的地方。

注意湿度

最后还要注意湿度。如果酒窖太潮湿，酒标和酒架可能会发霉。虽然酒本身受到影响的可能性较小，但是拿稀少且昂贵的葡萄酒来冒险却是非常不值得。如果酒窖的湿度不够，木塞向外的那一端有可能会缩小，密封的能力也会相应减弱，这会很大程度地减少葡萄酒的寿命。如果湿度太高，一个小型风扇可以帮助加速空气流动。

如果这样还不够，放一盆水或在砾石地板上洒一些水都能起到帮助作用。

充分利用你的酒窖

首先要做好记录。除非你能清楚地记得你所拥有的葡萄酒的数量、名字和每一瓶的年份，否则，簿记是必要的。再也没有比发现一瓶优质葡萄酒已过巅峰期更糟糕的了。所以，做好记录就十分重要，也可以使用电脑。现在有大量的酒窖管理系统可供选择，采用一种能用户化并适合你酒窖的方式。酒窖电脑化的另一个优势在于你不用再担心酒柜的尺寸，你也不必再建造单瓶的狭槽。你所要做的仅仅是在你的资料库中按照名字进行搜索，所处位置的信息就会自动显示出来。

万一遇上诸如大火或洪水这样的天灾，你的记录至少能够提供一个成败参半的机会，让你能够就酒窖内的财产提出保险赔偿。审视一下你的购买习惯和饮酒习惯，如果你经常一打一打地购买，那你需要的酒柜应该是一打、半打容量或者是单瓶贮存的。这样，你就能够直接将新购买的酒放入酒柜中，当酒喝得差不多的时候，再将剩下的酒放入。如果你准备以这种方式设计你的酒窖，应预留40%～50%的单瓶贮存空间。

尝试一下一打一打地购买葡萄酒。我们中的大多数人都因为购买量太少并过早饮用葡萄酒而错过了它们的巅峰期。如果按打购买，你还有可能在看到还未开瓶的葡萄酒后产生足够的抵抗力。但是你已购买了一打，也不要不思进取地认为置之不理就可以万事大吉。有时候恰恰是等了过久。找出一瓶离预计的巅峰期还有四年的葡萄酒作为样本，如果状态良好，也可以选择离巅峰期还有两年的酒，那时你就可以确认自己的预计或者就存有疑问的葡萄酒改变你的贮存方法。接着，当你预计的时间越来越近时，每6个月左右开一瓶酒。这样你不仅能够欣赏到葡萄酒的发展进程，而且你还存有6～7瓶酒，留待在它们的巅峰时期享用。

如果你的家里没有酒窖

可以考虑购买恒温以及湿度可调的葡萄酒柜。这样你就不用担心葡萄酒的健康问题或你评估葡萄酒的能力了。一些葡萄酒柜确实非常出色。如果选择这种方式，那么你需要考虑的因素包括你设定温度的能力、取放葡萄酒是否方便、为不同的"即刻饮用"葡萄酒设定分区温度（如果可以做到）以及酒柜内是否有足够的空气循环。此外，还要保证酒柜具备良好的内部暗度、可以上锁、每一扇玻璃门都经过防紫外线处理并且酒柜马达的振动处于最低状态。

第2章

问题解答

侍酒

Q **开瓶后，如何处理服务员给你的酒塞呢？**

这没什么。如果你想让自己看起来像一位葡萄酒饮用高手，你可以微微皱眉，拿起瓶塞，仔细地检查，甚至可以闻一下。不过更重要的是，虽然开瓶对某些人来说象征着某种仪式，但我们喝的是葡萄酒，而不是瓶塞。一个味道奇怪或者外观糟糕的瓶塞也可能出自一瓶完好的上等葡萄酒。对于不是资深葡萄酒专家的我们来说，唯一的意义就是品尝葡萄酒本身。

Q 当被要求试酒时，我们应该怎么做呢？

许多服务员其实并不清楚为什么他们要这么做，但还是将酒倒入酒杯中让顾客品尝。通过试酒，顾客就可以知道酒是否被瓶塞污染，酒的储藏状况以及酒是否因为明显的瑕疵而被破坏。

被瓶塞污染了的葡萄酒通常散发一种发霉湿纸板的味道。大多数情况下，是由2、4、6三氯苯甲醚这种化学物质导致的。当然，也可能出现其他的瓶塞污染，会产生较少见的橡木塞味。瓶塞污染最严重的后果就是破坏了葡萄酒的风味。如果污染的程度不在个人感知范围之内，那么这种污染很有可能被消费者完全忽略。但消费者会得出这种酒十分普通、平淡无奇的结论。这对酒庄其实是一种潜在的损害，因为消费者很有可能因此而选择不再买他们的酒。

更常见的是"随机性氧化"的现象，这也是目前备受争议的一种情况。它是由于空气通过瓶塞或瓶塞四周的缝隙进入葡萄酒之后而导致。轻者可能仅仅是让葡萄酒的风味变得平淡。在这种情况下，大多数人都不会要求换另外一瓶酒。但在严重的情况下，随机性氧化可以产生一种强烈的类似太妃糖的味道或氧化的苹果味，如同雪利酒和马德拉酒。即便非常轻微的氧化现象也最具破坏力，因为它们能使酒的口感变差但同时又很难让人察觉到真正的原因。

试酒时如果发现严重的酿酒缺陷，那就是另外一回事了。你的酒要是闻起来有强烈的臭鸡蛋味、燃烧过的汽车轮胎味或卸甲水的味道（除非是晚收型的甜葡萄酒）、机用胶水味、鼠尿味、使用过的绷带味或是醋味，那么我诚挚地建议您换另外一瓶酒。

Q 如何最佳地保存开瓶后未喝完的葡萄酒？

要遵循如下规则：首先，酒体更为饱满的葡萄酒在开瓶后能够比那些酒体精致的酒保持更久。其次，平衡性和质量极佳的酒会比那些稍差的酒保持更久。我经常会惊叹于某些香味浓郁、结构紧实的红葡萄酒在开瓶后第二天所表现出的更佳状态。对酒本身来说，这也是一个非常好的征兆，说明它能够长时间放在酒窖中储藏。那么，该做什么样的选择呢？

——— **方法一** ———

用一个干净的酒塞重新塞住酒瓶，并将它放入冰箱以减缓酒的氧化速度。如果是红葡萄酒，在侍酒前把酒从冰箱中取出，放置足够长的时间使酒温恢复到18℃，这种方法惊人地有效。

——— **方法二** ———

将剩下的酒倒入375ML的酒瓶中（半瓶量），然后重新塞上瓶塞。这种方法稍显复杂，但也是迄今为止你能做的最好的处理方式。如果瓶塞是螺旋塞，那么方法一和方法二操作起来就更加方便。

——— **方法三** ———

使用一种惰性气体置换装置，它能够抽出酒瓶中的所有氧气。这种方法在欧洲的餐饮业中十分流行，但是我现在还没被说服。你需要先注满大量的惰性气体用来置换残留在半满酒瓶顶部的氧气，而且我十分怀疑这种装置的容器可否承载足够的惰性气体，以高效地置换好几瓶酒中的氧气。

——— **方法四:** ———

使用那些本身不带氧气却能够抽走葡萄酒中的氧气，从而保护葡萄酒的装置。这种真空泵只能抽走2/3的氧气，这样剩下的1/3氧气仍然留在瓶中破坏葡萄酒。但是，当你用这种装置抽走酒中的氧气时，你也同时带走了酿酒师为了防止氧气破坏葡萄酒而特意加入的氧化硫。这样，留下的1/3氧气仍然会破坏葡萄酒，而且这时酒因抗氧化剂被抽走而比之前更易受到破坏。此外，你还抽走了葡萄酒中的二氧化碳，而二氧化碳的作用在于会毫不被察觉地提升非橡木桶陈酿的白葡萄酒和红葡萄酒的口感和质地。

我会选择方法一和方法二！

Q 哪些酒在侍酒前需要冷藏？

白葡萄酒需要冷藏后饮用，而红葡萄酒适合在室温或略低于室温的情况下饮用，这种想法很好。但是如果你在喜马拉雅山上远足，或者在酷暑期间被困在了北京的一家室外餐厅，你就得三思而行了。

白葡萄酒

大多数的白葡萄酒其实是在冷藏过度的情况下饮用的。那是因为我们生活在一个缺少葡萄酒冰柜，但却拥有过多专为冷藏Stella Artois、青岛或喜力这类啤酒的冰柜的世界里，这些啤酒在被倒出饮用时都处于良好的冰镇状态。通常来讲，葡萄酒被大家放在了次等的位置上。即使在家里，我们也会将其储藏在存放食物的冰箱里。大多数情况下，如果我们将葡萄酒长期地放置在普通冰箱里，葡萄酒就会处于过度冷藏的状态。

起泡酒

对起泡酒来说，翻腾的气泡有助于酒在低温的时候散发芳香和香气，因此这类酒的饮用温度可以比其他葡萄酒稍低。另外一种你不会想到冷藏的酒是上等的flor菲奴干型雪利酒。在夏天单独或者加冰块饮用这种酒，都是一种极大的乐趣。

红葡萄酒

我唯一冷藏过的红葡萄酒是那种酒体轻盈、香气馥郁、单宁较少的红葡萄酒，如博若莱或由隆河谷南部葡萄品种酿制的现代又轻盈的红葡萄酒。有些人认为优质的黑比诺需要冷藏，这种做法对口感最柔顺简单的黑比诺酒来说无疑是一种浪费。如果是我，我会选择饮用温度在17℃～18℃的酒体更圆润的红葡萄酒，也就是说把它们从14℃～16℃的酒窖里取出，在饮用前放置片刻，其间它们也在呼吸。

Q 哪些酒在饮用前需要醒酒并换瓶，如何操作？

红葡萄酒的醒酒和换瓶与葡萄酒本身一样涉及了许多礼仪。不过，在这个过程中也包含了许多科学的理由，能给你的葡萄酒享用过程带来更多的乐趣。随着葡萄酒的不断陈年，在展示它们的时候你也必须十分小心。

在长时间的陈年过程中，成熟的红葡萄酒很有可能积累了大量的沉淀物（无论是顶级酒还是粗劣的酒），酸度、单宁和颜色在葡萄酒中会形成自然的沉淀，这并不需要担心。主要的问题是如何在享用葡萄酒前将这些沉淀过滤出去。

如果你不确定红葡萄酒的酒瓶中是否存在沉淀（红葡萄酒浓郁的颜色会使酒中的沉淀很难被看出），那么不妨拿起酒瓶放在明亮的灯光下观察，这样你就可以看得十分清楚。如果你发现沉淀过多甚至会使倒酒变得困难，就需要将酒瓶垂直放置几个小时，让所有的沉淀沉积到瓶底。沉淀物越细小，耗时就越久，通常2～3小时就足够了。当然，也会存在少数的例外。

　　然后，一旦你开始拔出橡木塞或转下螺旋盖，切记保持酒瓶垂直。这样，沉淀物才不会回到悬浮状态。缓慢而仔细地将酒倒入干净的玻璃容器中，如水壶、酒壶，当然最好还是醒酒器（虽然严格说来它的实际作用只是装饰）。在酒从酒瓶中缓缓倒入水壶或醒酒器的时候要注意观察，这点十分重要，在发现沉淀物快要流出酒瓶的时侯，要马上停止倒酒的动作。

　　当你在醒酒时，酒其实暴露在了空气之中，这个过程被称为"呼吸"，它能够带来一定好处。

　　首先，一瓶陈酒中所包含的刺激或欠佳的气味可以在这个过程中被空气带走。当然，这种方法不可能去除所有不好的气味，但是葡萄酒的醇香可以在呼吸的过程中变得更加纯净。

　　其次，在这个过程中，氧气也会进入到酒中，轻微的氧化会使葡萄酒中的一些香气变得更加突出，加强它们的吸引力和深度。因此，当葡萄酒在呼吸时，一些不

醒酒小贴士

　　如果你没有足够的时间将酒长时间放置，或你对此缺乏信心，在没有其他工具的时候，你甚至可以使用咖啡的过滤纸！

　　你可以在倒酒的同时将小手电筒甚至蜡烛放置在瓶颈下端，这样可以帮助你看清瓶中的酒，判断何时沉淀物会流出酒瓶。

受欢迎的气味会消失，而葡萄酒本身的香气则会变得更加明显。你只需在饮用前将倒入水壶、酒壶或醒酒器中的葡萄酒暴露在空气中即可。

　　将没有瓶塞的葡萄酒酒瓶垂直放置并不能达到很好的醒酒效果。酒瓶中的葡萄酒与空气的接触面太小，因此根本无法产生哪怕微弱的蒸发和氧化过程，而倒入醒酒器的葡萄酒则可以与空气充分接触。换瓶能够使酒进行温和的通风，减少葡萄酒达到最佳饮用状态所需要的呼吸时间。

　　换瓶还能够加速较年轻或较强劲的葡萄酒的呼吸速度，这些酒通常更有弹性，能够经受住更苛刻的处理方式。将酒交替倒入醒酒壶、水壶或其他容器，可以达到温和有效的醒酒效果，但这个做法对于陈年酒来说则有一定的风险。如果醒酒的时间太长，陈酒会迅速地氧化变坏，失去原有的新鲜风味。你需要权衡这两个可能的结果后做出正确选择。

经验之谈

　　年轻的红葡萄酒通常比陈年的红葡萄酒需要更长的醒酒时间，酒体饱满的红葡萄酒比精致的红葡萄酒需要更长的醒酒时间。长时间的醒酒一般在3小时左右，而短时间醒酒大约在15分钟左右。因此，酒体饱满的年轻葡萄酒通常需要3小时的醒酒时间，而精致的陈酒只需要15分钟左右即可，这都取决于葡萄酒被打开后的香气。

　　千万不要让陈酒（20年或以上的

酒）在空气中呼吸3小时甚至更久时间。陈酒通常在打开后半小时内就应该被饮用。葡萄酒一旦被打开，立即闻一下瓶口，如果芳香甘甜，那么木塞可以被再使用。如果这个方法行不通，那么可以换上一个干净的木塞。这些葡萄酒通常不需要半小时的醒酒。

有趣的是，一些勃艮第和其他地区的旧橡木桶陈年霞多丽也需要短暂的呼吸过程。

Q 在中国贮存葡萄酒或侍酒时应注意哪些？

中国不同的城市和地区在特定的时间里都会经历高温，因此如果没有被储藏在合适的温度之下，大多数葡萄酒都会迅速地变坏。我住在澳大利亚的墨尔本，在这里，地下酒窖的温度在不开冷气的情况下可以持续保持在16℃～18℃之间。即使这样，这个温度也只是葡萄酒储藏理想温度范围内的上限温度。我十分怀疑在超过18℃的情况下，葡萄酒还能否保持它的良好状态。

据我所知，最佳的葡萄酒贮存温度在14℃～15℃之间。在这个范围内，葡萄酒可以在几乎没有任何不良影响的情况下良好地陈年，但你也不得不耐心地等上好几年才能看到陈年后的葡萄酒发生的变化。

最重要的是，葡萄酒应该贮存在日夜温差与季节温差都尽可能小的、隔热的环境中。酒窖的湿度一般要达到60%～70%。对此你不用过分担心，可以简单地在砾石地板上洒一点水或放置浸满水的毛巾来增加酒窖的湿度。在过去的12年中，我就是这么做的。

侍酒时葡萄酒处于过冷状态的隐患在于葡萄酒越冷，它散发出的香气就越稀薄。我们对香味的感知是建立在葡萄酒传递挥发性香气分子的能力以及我们察觉这些分子的能力之上的。过度冷藏的葡萄酒会失去它的口感而变得淡而无味。最精致的白葡萄酒通常是由诸如霞多丽、赛美蓉和阿内斯这些香味较淡的葡萄种类，加上类似维欧尼和胡珊这些香气更馥郁的葡萄种类酿制而成的。香味较浓的雷司令、格乌兹塔明娜及白苏维翁白葡萄酒则更经得起冷藏，特别是当这些葡萄品种被酿制成活泼新鲜的干白葡萄酒时。尽管如此，请记住，当温度每下降3℃或3℃以上时，你很有可能会失去对某些香气的感知能力。

对红葡萄酒来说，正如我之前所提到的，低于室温或者在17℃～18℃是最理想的贮存温度。唯一需要冷藏的红葡萄酒，通常十分柔和且单宁是单薄的。

Q 葡萄酒应在酒窖中储藏多久？

虽然许多葡萄酒都会在酒窖中储藏好几年，但不是所有的葡萄酒都需要这样，包括一些红葡萄酒在内。事实上，大多数在世界各地有售的较便宜的餐酒在有变坏的迹象前，只有相对较短的时间能保持最佳状态。这里有一些建议，或许能够帮助你鉴别哪些酒需要窖藏以及需要储藏多久。

并非人人都知道，有些白葡萄酒能够像顶级红葡萄酒那样经受长时间的窖藏。在澳大利亚，许多能良好窖藏的葡萄酒就是白葡萄酒，比如猎人谷的赛美蓉、伊顿谷或克来尔谷的雷司令，它们往往采用传统的方式窖藏。此外，甘甜的德国雷司令、法国苏甸地区的甜酒甚至卢瓦尔河谷的Vouvray都能够在酒窖中储藏数十年。

无论是红葡萄酒还是白葡萄酒，一瓶葡萄酒在被享用之前必须具备一些基本条件——它的果味应能持续整个口感过程。年轻的勃艮第白葡萄酒或霞多丽会带有精致的果味，如果起初果味就不明显，或被突出的木头味掩盖住，那么这款酒就不适合储藏。

对葡萄酒来说，通过舌头边缘可以感知的酸度是葡萄酒最重要的保鲜剂，它可以加强口感的完整性，就像句号代表一个句子的结束。缺少酸度的葡萄酒在1～2年后，口感的持久性和新鲜度就会下降。即使是甘甜的餐后酒也不例外，因为它们所具有的浓郁甘甜的果味会使酒中的酸度更加难以辨别。尤其是那些糖分，在你咽下酒之后，还会在舌头边缘搜寻它们的踪迹。这些酒在陈年后却会得到巨大的发展。

很明显，单宁是影响红葡萄酒陈年潜力的一个重要因素，虽然红葡萄酒并不需要生硬或强劲的单宁。一些来自波尔多最精致、最优雅的红葡萄酒，如赤霞珠、品丽珠和梅鹿辄，在刚开始时都具有细腻、如丝绸般柔软的单宁。历史证明在良好的情况下，它们能够被窖藏长达几十年。相似地，如果一瓶葡萄酒所含的果味不足，但是单宁过多，那么当单宁变柔易饮时，酒就会完全失去它的果味。

真正主要的因素就是平衡度，我会在后面的"什么是平衡度和复杂度"部分进行探讨。

储藏建议

参考葡萄酒的历史记录，如之前年份（特别是好年份）的同种葡萄酒的窖藏情况。

只购买出色年份的葡萄酒来窖藏，因为较次年份的葡萄酒通常陈年较快。

Q 如何选择正确的醒酒器？

选择醒酒器的时候需要考虑两个因素。第一，需不需要选购特别样式；第二，哪些酒最适合这种样式。

首先，关于选购醒酒器，我有一些常用的窍门。有些醒酒器的形状导致清理它们变得非常困难。对于葡萄酒来说，醒酒器的干净与否不仅仅是一次成功品酒的衡量标准，更是先决条件。有许多次，我宁可使用一个我知道是绝对干净的玻璃罐，也不使用朋友提供的可能不干净的醒酒器。如果醒酒器闻上去无异味，你就能判断它是干净的。

于是，从实用的角度而言，易被清洗对于选择醒酒器来说要比醒酒器的材质和设计样式重要一百倍。在选购时应牢记这一点。醒酒器选用玻璃材质的好坏对于葡萄酒或其口感其实没有什么影响。

作为玻璃器具，醒酒器最好是由透明的玻璃或者水晶制造。这样便于你透过醒

力多(Riedel)动感型滤酒器(醒酒器)
能够提供较大与空气接触的表面，让酒充分呼吸。

酒器，检查葡萄酒色泽的好坏。雕花的水晶醒酒器可以用于烈酒。可是在把任何烈酒长时间留在醒酒器里之前，我会先检查以确保所用醒酒器的含铅量是比较低的。

有些醒酒器的瓶口是圆形的，倒酒时，酒常常会滴落出来。至今我仍然想象不出有比酒从醒酒器瓶口滴落更糟糕的事情了。所以在选购醒酒器时，需要查看瓶口所采用的切割工艺是否能防止倒酒时出现滴落的现象。

力多(Riedel)梅洛型滤酒器(醒酒器)
当装满一瓶750毫升葡萄酒时，
由于与空气接触的表面较小，
酒呼吸比在动感型滤酒器要缓慢。

把酒倒入设计良好的醒酒器的过程中，酒会沿着醒酒器的内壁铺散开，薄薄的如同电影胶片一样。这一过程能让葡萄酒在聚集到醒酒器瓶底前，更全面地与空气接触。不具备这种功能的醒酒器的品质

力多(Riedel)酒神系列
雷司令长相思型

力多(Riedel)酒神系列
赤霞珠梅洛型

力多(Riedel)酒神系列
黑比诺型

皆属一般。

最后，市场上有些醒酒器有着非常漂亮的外观，尤其是那些设计成平底船型的醒酒器。可是从那些醒酒器里把酒倒出来却十分困难。刚开始倒的时候可能会比较容易些，但是想要把最后剩下的几杯酒倒出来，则不得不把瓶口竖直向下，而这个动作不会让人觉得舒服和得当。即便是最昂贵的力多(Riedel)醒酒器也有这样的设计问题。

现在让我们思考一下如何根据葡萄酒来选择醒酒器。其实我们只需要关注两类醒酒器：一类是能为葡萄酒提供较大内壁面积的；还有一类是体型偏修长，内壁面积较小的，有时甚至跟葡萄酒瓶的体型差不多。

如果你进行醒酒是特意要让那些年轻或者强劲的红葡萄酒透气，就需要选择能提供较大内壁面积的醒酒器。这样，把酒倒入醒酒器以后，葡萄酒还能在醒酒器里

继续透气。

然而，如果你有一款年份较老、相对比较精致的红葡萄酒，并且你醒酒的本意是要除去葡萄酒中的沉渣，那么一个体型较修长、内壁面积较小的醒酒器就比较适合，因为这类醒酒器能帮助阻止葡萄酒过分的透气。

Q 寻找最好的开瓶器

开瓶器必须便于使用，能快速打开葡萄酒瓶。无论现代的开瓶器设计多么花哨，外观不应取代实用性。许多开瓶器几乎接近于无能，因为它们不是把软木塞弄坏，就是很难把软木塞拔出瓶口，而这正是判定开瓶器好坏的一个标准。我一般会选择3款不同类型的开瓶器：一个"侍酒师之友"（杠杆型开瓶器附小刀）、一个双片式开瓶器和一个双层反向垂直型开瓶器。"侍酒师之友"能轻松地拔出任何一种软木塞，包

我钟爱的多功能开瓶器
带切箔刀的杠杆式开瓶器

拉吉奥乐(Chateau Laguiole)
经典的"侍酒师之友"开瓶器

简单的口袋型开瓶器

括最坚硬的那种，但是使用它需要一定的技巧和熟练程度；双片式开瓶器操作起来比较简单，同时它还能把酒瓶塞装回去；而双层反向垂直型开瓶器则是一款使用方便、操作简单，并且外观精美的开瓶器，只是偶尔在拔出已经损坏的软木塞时会有些困难，而这时使用"侍酒师之友"就没有问题。

大体来说，最好的开瓶器有着长而坚固的螺旋刀，它能一次把整个软木塞从瓶中拔出，而不是只拔出一半。它的刀头不能像钻头一样，因为那样会钻裂软木塞，也不能用来钻取年份长并已经开始变坏的软木塞。开瓶器需要足够牢固，保证刀头和软木塞不会断裂在瓶子里。那些刀口锋利，甚至是有特氟龙涂层的开瓶器会更好地钻软木塞，并且更容易取出。

在我自己的品酒室里，我习惯于使用LEVER式样的双层反向垂直型开瓶器。但是我不得不坦白，由于使用的频率太高，我终将会挑战这款开瓶器在澳大利亚的终身保换承诺。

Q 葡萄酒为什么需要远离震动、避开光线?

在酒窖中防止震动，是葡萄酒收藏者常常被告知的一件事，就好像小朋友从小就被告知要远离蛇、蜘蛛和带着诱人礼物的陌生人一样。震动被认为对葡萄酒是有害的，但是说实话，没有人真正知道其中的原因。最常被提及的因震动而导致的对葡萄酒的破坏，就是沉渣重新混合到葡萄酒中，就好像摇晃酒瓶一样。可是这不足以危害葡萄酒，甚至缩短它窖藏的潜力。至少现在，我们都还不相信震动会缩短陈年的潜力。如果你知道震动危害的原因，请告诉我!

日照是一个比较容易理解的危害因素，因为其中含有紫外线，尤其是具有破坏力的UV-B射线（它也是导致皮肤癌的元凶之一）。紫外线具有强烈的氧化性，它的影响可以从一瓶在透明玻璃门的冰箱中放置多时的透明玻璃瓶装的啤酒上看出来。透明的玻璃瓶没有抗紫外线的的保护能力，于是啤酒就容易被氧化。我喝到的不好的啤酒大多出于这个原因。褐色的瓶子能起到最好的防紫外线作用，这也是为什么它是最古老的、至今仍然是最好的盛放葡萄酒和啤酒的瓶子的颜色。

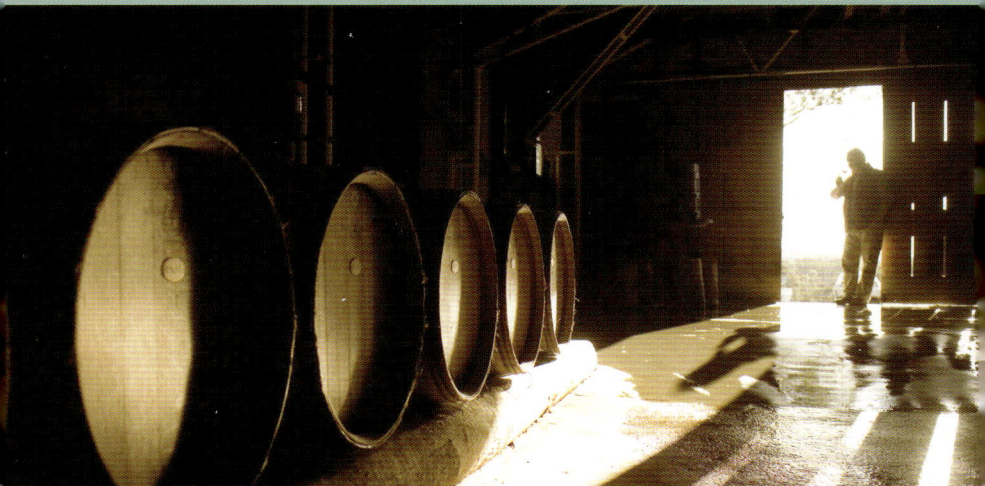

Q 新世界的葡萄酒是不是完全复制了
旧世界的葡萄酒呢？

"新世界"和"旧世界"这两个
名词是由英国作家休·约翰逊（Hugh
Johnson）在一篇关于葡萄酒的文章中提
出的。笼统地讲，葡萄酒的旧世界是指传
统的欧洲地区；而新世界则包含了具有上
百年（不到千年）葡萄酒酿造传统的国
家，这些国家的葡萄酒产业通常是由来自
旧世界国家的人们建立的。新世界国家包
括美国、澳大利亚、南非、新西兰、智
利、中国和阿根廷。

大体来看，生产大批量物美价廉的葡
萄酒所采用的工艺革新通常都起源自新世
界。当然，更多情况下，传统的欧洲地区
为我们提供了历史悠久的酿酒传统和基本
的技术，使我们能够更好地利用最常见的
葡萄品种。

澳大利亚和其他新世界国家在众多出
口市场上的成功促使不少旧世界国家的酿
酒师们开始重新审视他们的酿酒工艺。如
今，旧世界国家，如法国、西班牙和意大
利，采用起源于新世界国家的工艺和设备
的现象已经屡见不鲜，这样可以使旧世界
的葡萄酒带有更多的新鲜度、果味和活泼
性等新世界的风格。

同样，许多新世界的酿酒师们在葡萄
种植和葡萄酒酿造上也百分之百保留了旧
世界国家的态度。他们采用了相同的酿制
步骤，并且经常花费时间学习旧世界酒厂
和葡萄园的技术。虽然他们并没有试图复
制旧世界的风格，但是他们坚信这些经得
起时间考验的工艺能够最完美地反映出葡
萄园的风土条件以及特征，无论它们的地
理位置如何。

结果就是，新世界酿制出的葡萄酒通常都十分含蓄、完整、精细、风味极佳且带有质朴的复杂度。其中的一些与对应的旧世界葡萄酒非常相似，而另一部分则呈现出截然不同的特征。这很大程度上是由于地理位置、气候、土壤及地形的差异。

举例来说，凉爽的维多利亚地区的种植者很有可能学习了勃艮第种植黑比诺和酿制黑比诺酒的方法。在采用这些方法之前，他们先改善技术来最好地表现本土出产的黑比诺酒的特征。这就完全避免了无新意的复制，并在大多数情况下能够反映出当地的独特地理特征。它们中只有少数酒会呈现出如旧世界般的标准特征，因为地理位置这个最重要的因素与旧世界完全不相同。

如今，无论葡萄在何处种植，酿酒师们都可以酿制出他们想要的葡萄酒风格——新世界的纯朴、干净亦或是旧世界的粗犷、美味与复杂。因此，现在的新世界酒与旧世界酒之间的差异已经不像20年前那样明显。

酿酒技术的不断革新使酿酒师和种植者能够更好地将当地独特的地理特征和风土条件表现出来。澳大利亚的葡萄酒越来越像勃艮第酒和波尔多酒的可能性从逻辑上来说是微乎其微的，除非它们的地理特征和风土条件存在很大的相似之处。

换句话说，高品质的葡萄酒很有可能在风格上各不相同，但是却十分忠于各自地理环境产地的特征。还有什么能比这个更有趣呢？

没有多少澳大利亚人知道，澳大利亚拥有世界上最古老的赤霞珠葡萄藤——位于布诺萨谷的奔富酒园42号地块。澳大利亚许多西拉葡萄园拥有超过150年的葡萄藤，包括世界上最古老的单一西拉葡萄园——于1847年开始种植的朗美"自由"葡萄园（Langmeil's The Freedom）。澳大利亚是世界上最古老的大洲，拥有着最古老的葡萄种植土壤。在过去的200年间，澳大利亚的葡萄种植者和酿酒师们不断地开拓不同的产区和地理位置，并种植与之相配的重要葡萄品种。

换言之，澳大利亚具备了旧世界最著名葡萄园所具有的许多特征和条件，又拥有古老的葡萄藤来反映不同葡萄园地理位置的独特性。澳大利亚顶级葡萄酒之所以能有如此高的品质，关键在于拥有与酿制旧世界最佳葡萄酒一样的条件。

Q 年份代表着什么？

葡萄酒瓶上的年份象征着葡萄的采收年份，大多数的葡萄酒通常需要数天或数周的发酵。除了些许例外的情况以外，大多数发酵过程缓慢的晚收型餐酒和极甜的餐后酒会在酒标上标注发酵的年份。由于许多葡萄酒都会在陈年中不断地改进，因此要说出一个确切的最佳饮用时间十分困难。这本书会帮助你选择合适的时间享用澳大利亚葡萄酒。

不同年份之间的差异是决定葡萄酒质量的一个最重要的因素。即使是来自同一葡萄园同一葡萄藤的葡萄在不同的年份也会酿造出不同的葡萄酒。虽然年份的差异在澳大利亚不如在欧洲地区表现得那么明显，但是在选择购买哪一年份的葡萄酒时一定要考虑到年份间的差异，特别是那些适合窖藏的佳酿。

气候是年份差异的主要原因，因为它能以各种方式影响葡萄酒的质量。它决定了一些重要时期（开花、结果、成熟、采收）的天气状况是否良好。天气所带来的差异性在更凉爽、更边远的葡萄种植地则更为显著和常见。虽然澳大利亚的大部分葡萄酒产区都位于温暖和炎热的地区，但是如今相当一部分的澳大利亚顶级葡萄酒都出自更凉爽的地区，如整个洲的西南部和东南部。这些地区天气的差异性远远大于澳大利亚传统的温暖产区，如布诺萨谷、迈拉仑维尔、维多利亚中部和克来尔谷。凉爽地区的出色年份通常都是那些较炎热的年份，炎热可以加速葡萄的成熟过程，酿制出酸度和平衡度更为精致、糖分更高、风味更佳、色泽更诱人的红葡萄酒。

澳大利亚是一个地形多样的国家，因此要说出一个全国范围内十分出色的年份是不可能的。单是南澳这个较大的州，靠近阿德莱得的葡萄酒产区，如布诺萨谷和迈拉仑维尔以及位于该州西南部的库拉瓦拉和潘伯顿，在不同的年份就会经历不同的气候条件，所生产出的葡萄酒就存在着明显的差异。

概括所有产区不同年份表现的年份表常常误导消费者。如果这些产区在地形和气候上完全一致，那么年份表的误导可能会小一些。

偶尔，你会发现混合了不同产区和不同品种的特殊年份葡萄酒。如果南澳大利亚克来尔谷2005年的雷司令没有被酿制成一款经典的葡萄酒，那一定是酿酒师的重大失误。同样地，玛格利特河2005年的赤霞珠、西维多利亚2004年的西拉也应当被酿成传世佳作。诀窍就在于从这些混酿中学到些什么。如果有机会，不妨选择这种葡萄酒。

Q 什么是平衡度和复杂度？

在葡萄酒中，平衡度是一个有趣的概念。无论一瓶葡萄酒散发出的香气有多浓郁，平衡度才是衡量它是否出色的关键所在。平衡度是指葡萄酒中各种成分结合的优劣程度。具有不俗陈年潜力的年轻葡萄酒风格可以强劲粗糙，带有丰富果味、橡木味，并且单宁突出。不过即使葡萄酒尚处于年轻时期，酒中的任何一个特征都不应该占据主导地位。换言之，无论一款酒有多强劲或多精细，质地与风味都应该以一种和谐的方式结合在一起，并确保不会有任何一个特征显得特别突出。

如今许多新世界的葡萄酒，包括澳大利亚和美国加利福尼亚州的，都出现了平衡度不够的现象，这点令人十分遗憾。其原因正是我最近经常提及的——如今酿制高酒精度酒的趋势夸大了酒精的作用，而降低了酒的明亮度和果味的纯净度。当然，许多由过分成熟的葡萄所酿制出的葡萄酒在年轻时果味就十分馥郁，但是经过几年的瓶中陈年后，这些酒会迅速地失去新鲜度和浓郁的果味。之前的果味可能掩盖了酒精所产生的温热口感，随着时间的推移，果味会逐渐变淡，但是酒精却不会。因此，在陈年后，平衡度不够的问题就会显现出来。而那时候你所得到的，就是一支橡木味极重、酒精度极高、果味贫乏、类似波特酒的红葡萄酒。这是一个平衡度极差的典型例子。

当一些酒厂觉得有一批葡萄需要特殊处理时，往往会采用一些小伎俩，在酒瓶

上贴上"珍藏特酿"的标签，以达到销售高价的目的。这些酒通常带有非常浓重的橡木味，掩盖了原有的果味。这种做法的结果就是所酿的酒平衡欠佳、包装昂贵、品质惹人置疑，甚至不及那些较为便宜的酒。

复杂度与葡萄酒所持有的不同风味、质地以及精细度有关。这些特点越丰富，葡萄酒就越复杂。出色的葡萄酒通常都十分复杂，相比较而言，较便宜的餐酒就显得单一。这并不意味着它们的口感不好，只是它们无法像真正的佳酿那样引人入胜。

许多人都一再强调旧世界的葡萄酒要比新世界的葡萄酒更具复杂度，这话不无道理。但是新世界的顶尖之作完全可以与旧世界的佳酿相媲美。无论是在葡萄园还是在酒厂，新世界的酿酒师和种植者更注重细节，从而不断完善葡萄酒的复杂度，提高酒的品质。

Q 解析葡萄酒打分系统中的 100分制和20分制

给葡萄酒打分已经开始成为一种潮流。这有些可惜，因为一个分数仅仅是一位品尝者对于这支酒的判断。而品酒笔记通常更重要、更有价值，它包含了更多的信息和品尝者的想法，这些是一个简单的数字无法反映的。

最常见的打分系统是100分制，但是100分制却不是用来区分100个不同的级别的。大多数的打分会偏向于高分段。一支一般的葡萄酒，没有多少品质可言，也没有真正的缺点，是不太可能低于80分的。只有非常出色的葡萄酒的得分才有可能超过98分。于是，对于从平淡到优秀的葡萄酒，100分制其实也只能够区分不到20个级别。

那20分制到底又是什么呢？同样的葡萄酒，要是被打了80分，那根据我的换算法则，就相当于20分制中的14.5分。鉴于许多人采用半分单位来区分葡萄酒，按照之前的计算方法，从14.5分到19.5分，20分制则可以有11个不同级别的评级。我通常不考虑20分这个等级，因为我至今还没有用过。我只是非常乐观地觉得自己还没有品尝到完美的葡萄酒。

20分中的10分，或者100分中的50分，这样的分数也不太可能出现，因为没有人可以看得懂这样的评分。然而，你可能会看到12.5/20或者是70/100这样的打分。这些分数等同于大学考试中的及格线，但是它们却说明其实这些酒不太适合人类饮用。

换言之，当使用换算法的时候（事实上它们经常相互换算），基本上所有的可饮用的葡萄酒都会在100分制中18或者19个等级中的一个，或者是20分制中11个等级中的一个。

我依然采用20分制为葡萄酒打分，但是我却有着另一套算法——我使用0.1分为单位。举例来说，我可能为一支葡萄

酒打出14.7分或者18.3分。这就极大地开拓了更多品评等级的可能性，让我能在14.5分到19.8分之间，分出54个级别。于是我还是能坚持"我不会给任何一支酒满分"这一信条。

我不会宣称自己是百分之百的完美。我也不希望每次在品尝同一支酒的时候打出完全一致的分数。由于不同的环境、不同的储藏条件、软木塞的不同质地等，我的分数可能每次都会有些变化。

Q 葡萄酒中的风味是哪里来的？

无论是在理论上还是在多数实际情况中，葡萄酒喝起来就是它自己的味道。酿制所使用的葡萄本身的天然特性和品质，发酵过程中风味的改进与提升以及不同酿造和成熟工艺对于口感与风味的影响，都直接决定葡萄酒的风格。

大多数葡萄酒酿造国，尤其是那些经

常出口到欧盟市场的国家，被要求详细准确地列出使用的添加剂。大部分添加剂是保鲜剂或者是澄清剂，这些物质不会留下明显的味道。除非是使用过量，比如二氧化硫可能会随着时间的推移越来越多，保鲜剂不应该影响葡萄酒的口感。澄清剂帮助澄清葡萄酒并保持其长期稳定，在最坏的情况下，也只是有极少量残留在酒里，

几乎可以被忽略。

如果你尝过没有被发酵的葡萄汁的话，你几乎不会相信它能被炮制成口味复杂的葡萄酒。事实上只要在中性的发酵桶里，经过简单地发酵和成熟就可以。雷司令，作为最典型的例子，它能纯正地反映出风土条件（地理、方位及气候的综合影响）带来的细微变化。

只要有足够的经验，许多人都能学习鉴别每个重要葡萄品种的独特特征。甚至还可以更进一步，能够分辨出产区，甚至是葡萄藤所处具体位置带来的细微差别。当葡萄酒酒评家（包括我在内）谈论怪异的香气、味觉和口感的时候（比如说"带有金银花气息的雷司令，有着桃子和芒果般的香水味，口感持久、刺激，带有持续的矿物质感"），他们还是有可能把一些完全能反映出某支葡萄酒或者某个葡萄园的独特气息找出来。

Q 法国橡木和美国橡木是如何给葡萄酒带来不同影响的？

要把精致的美国橡木和粗糙的法国橡木带给葡萄酒不同风味区分开来，并非每次都能成功。但是美国橡木通常偏向于浓郁的香气，而法国橡木则带来更多复杂、有结构的口感。使用美国橡木，很容易就会让酒变得橡木味过重，这是由于美国橡木不像法国橡木，它不容易完全同葡萄酒融合在一起。美国橡木的香气能盖过水果味，而不是与水果味结合在一起。法国橡木通常可以更好地融入葡萄酒的结构中，

成为其中一部分，而不是独立的。

不同橡木带来的风味也彼此迥异，尽管这些不同只是大致上而不是特定的。在年轻的红葡萄酒中，美国橡木浓郁扑鼻的香草味道及椰子香气就显得突出。如果过量，美国橡木就会带来烟熏牡蛎或者铁皮烟盒的气味。就味觉方面而言，美国橡木的影响可以带来润滑的奶油口感。

法国橡木的香气不是那么浓郁，它可以带来香草、野味、巧克力和香甜的风味。两种橡木都能给葡萄酒增添炭烧气息，这取决于橡木桶的制造工艺。如果葡萄酒的主要发酵或者乳酸发酵是在橡木桶里进行的，两种橡木都能带来研磨的咖啡风味。

Q 关于螺旋塞，软木塞和其他瓶塞

20年前，几乎所有高质量的葡萄酒都是用软木塞封瓶的。如今情况则大不相同。你可以看到软木塞、螺旋塞、成套的高科技（再生）木塞、合成木塞甚至磨砂玻璃塞。

在这些瓶塞中，我不推荐大部分的合成木塞，因为它无法避免空气进入葡萄酒中，有时会产生葡萄酒溢出的情况，并经常会给葡萄酒带来类似塑料的味道。大部分的葡萄酒酿造商已经停止使用这种瓶塞，希望其余还在使用的厂商也能够采取同样的行动。坦率地说，它们十分糟糕。

使用磨砂玻璃塞还为时尚早。据我所知，它的制作工艺主要依赖一层薄薄的合成硅质层包裹住瓶塞顶部，从而在酒瓶顶部固定住瓶塞。我不相信这种技术能够很好地密封一瓶葡萄酒长达数年，我也不会购买这样的酒来长期窖藏，除非这种密封方式能够被证实有效。然而就目前的状况而言，它们还不能。

除了软木塞，螺旋塞是当前酿酒商们最为明智的瓶塞选择。我在这本书的前几节讨论过软木塞的不足之处。软木塞会带来两大问题：第一，3%～5%使用软木塞封瓶的葡萄酒会受到一种主要由TCA引起的污染；第二，软木塞无法阻止空气进入葡萄酒中，这是目前为止最具破坏性的不足之处。并且伴随着葡萄酒的陈年愈发严重，那个时候软木塞隔离空气的能力也会大大减退。

无论酒本身的好坏，螺旋塞都能提供完美的密封效果。同时，与采用软木塞封瓶的葡萄酒相比，酿造商们在螺旋塞葡萄酒中加入的硫化氢气体量会较少。到目前为止，螺旋塞是所有餐酒最好的密封方式。

对适合早期饮用的葡萄酒来说，螺旋塞是能够保持新鲜度和活泼风味的最佳选择。同时，螺旋塞也是窖藏葡萄酒最佳的密封方式，尽管它还尚未在世界范围内被广泛应用。虽然使用螺旋塞的窖藏葡萄酒在年轻的时候口感会显得有些单调，甚至有些变差（此时还不到最佳饮用时期），但在保存了6～7年之后，这种葡萄酒与同种用软木塞封口的葡萄酒相比，口感更好，更令人欣喜并更具复杂性。这之后，随着年份的增长，它们的表现会越来越出色。

一瓶在酒窖存放多年的螺旋塞葡萄酒最大的特点，在于它不但能像同种软木塞葡萄酒那样积累酒的复杂性和吸引力，还能很大程度地保存它在年轻时期显现出的新鲜度和活力。如果我们长期习惯饮用螺旋塞的窖藏葡萄酒，那么我们在第一时间就能感受到一瓶葡萄酒究竟有多好，这就是最大的改变所在！

这样看来，螺旋塞葡萄酒的窖藏时间应该比软木塞葡萄酒更长的说法也就顺理成章了，但是究竟能存放多久却很难定义。在品尝了许多20世纪70年代中期的澳大利亚螺旋塞葡萄酒之后，我的经验是螺旋塞能够将葡萄酒的保存期限延长一倍。更令人振奋的是，我所品尝到的那些年份较久的螺旋塞葡萄酒比我想象中的更为出色！

一些酿酒商担心使用螺旋塞就无法探知氧气的渗透情况，于是倾向于使用诸如Diam之类的科技密封法，这种方法在澳大利亚十分流行。Diam是一种建立在软木塞封瓶基础上的具有科技含量的封瓶方法，在制作过程中经历了"超临界二氧化碳"的TCA抽取过程，从而排除了木塞污染的可能性。然而坦白地讲，作为一种新型技术，Diam还未得到充分证实。如果我是酿酒商，我就不会采用这种方法。我发现一些用Diam密封的葡萄酒闻起来或品尝起来香气会变得稀薄。造成这种情况的原因有可能是在密封过程的本身，或在采用Diam密封前葡萄酒的装瓶方式上。尽管如此，Diam仍然十分流行，并拥有与软木塞相似的特征，同样需要螺丝锥将其从酒瓶中拔出来。

随着科技的迅速发展，恐怕很难有一种新的密封技术会像软木塞那样在葡萄酒行业中被采用长达数世纪之久。因为越来越多不同的密封方式可供葡萄酒商们选择。为满足消费者的需要，酒商们会选择最适合的密封方式。

Q 不含酒精的葡萄酒是否与含酒精的葡萄酒一样对健康有益呢?

众所周知，葡萄酒对健康最大的好处是其对心血管系统的养护，如它能够减少心脏病的发病概率。葡萄酒大约75%的益处直接来源于酒精，特别是那些与高密度脂蛋白血脂谱相关联的以及对防血液凝固的作用。

也就是说，饮用无酒精的葡萄酒仍然能够获得1/4的有益心血管系统的益处。这是因为葡萄酒含有多酶类成分，这类成分是从葡萄皮和葡萄籽中提取的，同时也是红葡萄酒色泽和质感的来源。不含酒精的红葡萄酒同样包含这类成分。它们的主要作用是防止血液凝固和保护血管壁，还能够对肝血谱（不一定是低密度脂蛋白血脂谱）产生独有的功效。

不含酒精的葡萄酒仍然具有完整的抗癌效用，这主要是由于葡萄酒含有自由基成分及其他抗氧化物质。

换句话来说，虽然不含酒精的葡萄酒不能像含酒精的葡萄酒那样提供完整的健康帮助，但与其他无酒精饮料相比，它还是对人体健康起着一些重要的作用。

Q 混调使葡萄酒变得更好还是更坏了?

事实上，大多数的葡萄酒都是混调酒，由不同的各自发酵的品种酿制而成。当葡萄酒陈年3～6个月时，酿酒师会在酒窖里品尝每桶酒，并根据自己的想法，把不同品种混合在一起。布诺萨谷的奔富酒庄就是一个典型的例子。在存放大量橡木桶的酒窖里，所有的葡萄酒都被分了等级，然后经过混调酿制成不同级别的葡萄酒——从基本的蔻兰山到著名的顶尖之作葛兰许。

对混调酒来说，越早混合越好，因为这样它们才有充分的时间在橡木桶里陈酿，各自不同的质地与风味才能够和谐地融为一体。

通过这种方式，酿酒师还能够更容易地计算出每种葡萄品种在最后成品酒中所占的比例，这对酒标的制作尤其重要。譬如，一瓶赤霞珠所占比例超过15%的西拉，在酒标上就不能只显示"西拉"，而要标识为"西拉赤霞珠"。如果混调酒的酒标只显示一种葡萄品种，那么就表示其他的混合品种在最后的成品酒中所占比例不超过15%。

总体来说，把不同葡萄品种一起发酵来酿制的葡萄酒数量较少且价格昂贵。要达到好的效果，必须确保不同的葡萄品种要同时成熟（但多数情况下很难保证），或者在等待其他葡萄品种成熟时，将先熟的葡萄或果汁存放在足够凉爽的温度环境中。

共同发酵的好处是能够带来更馥郁协调的香气和更紧实的酒体，然而它的不利之处则在于同时也失去了后期完善混调效果的机会，除非你将其他酿制完成的葡萄酒分开存放。在澳大利亚，有一些成功的典范，如托布雷酒园（Torbreck）的旗舰产品均田制西拉（Run Rig）与约3%维欧尼的混调；再如Clonakilla酒庄著名的西拉维欧尼。

酿酒师有两种方法来决定混调的葡萄品种。他们可以参照世界上成功的传统混调方式，也可以撇开先例创造自己的混调酒。

在法国的波尔多地区，葡萄酒酿造仅限于以下五种品种：赤霞珠、梅鹿辄、品丽珠、马尔白克和小维尔多。几个世纪以来，这些品种在波尔多表现出色，使一级葡萄园拥有了展现风土和独特风格的绝佳手段，因此它们为酿酒师提供了足够灵活的混合选择。根据各自不同的位置、土壤和气候的条件，全世界的种植者都可以借鉴选自波尔多不同产区葡萄品种的混调方式。

波尔多白葡萄酒大多为长相思、赛美蓉和麝香的混调。这些葡萄品种所表现出的协同性，特别是长相思和赛美蓉的混调尤其明显，为新世界几百种混调酒提供了基础。

相似地，成功的Clonakilla西拉维欧尼混调酒可以当之无愧地被称为具有罗蒂丘（Côte-Rôtie）风格的杰作之一，它也激发了澳大利亚酒商尝试这种混调的兴趣。

西拉并不需要通过混调来提升其质量或丰富其特征。如种植在澳大利亚某些产区（像大西部地区或猎人谷）的西拉，就不需进一步加强其香气、柔顺度和复杂

性。

又如，意大利顶级产区托斯卡纳生产着许多允许范围之内却游离传统DOCG分级系统之外的葡萄酒，它的惊人成功证明了不同葡萄品种之间富有创意且灵活的混合可以带来无限的优势。在这个地区，传统的红葡萄酒主要由桑娇维塞加上辅助性的canaiolo和malvasia葡萄酿制而成。我们现在还看到了一些令人惊喜的葡萄酒，如Sassicaia、赤霞珠和品丽珠的混调酒以及Fonterutoli Siepi的梅鹿辄和桑娇维塞混调酒。这些葡萄酒都出自那些突破传统酿酒理念的酿酒师之手。

如今在澳大利亚，我们看到了新的葡萄酒家族正在兴起，Sutton Grange's Giove是一种桑娇维塞、梅鹿辄和赤霞珠

的混调。维多利亚地区正在尝试将法国葡萄品种引入意大利葡萄种植地的方式，并取得了一定的成功。

这种做法更容易在新世界实行，因为新世界没有既定的规则阻止这类试验。譬如，在澳大利亚，黛伦堡酒庄（d'Arenberg's）的Chester Osborne就有意尝试把添普兰尼洛（西班牙品种）、歌海娜（法国和西班牙品种）和souzao（葡萄牙品种）混调在一起。他也许是这么想的：将深色、多荆棘且带肉味的添普兰尼洛与花香馥郁、带有辛辣味和类似蓝莓香味的歌海娜混和在一起，再加上souzao带有的黑莓味及类似甘草味。创新的混调确实存在，并且这种尝试一定不错。黛伦堡出色的The Sticks and Stones混调酒已经充分地证明了这一点。

不同的葡萄品种在不同的地区出于不同的原因被混调，可以是遵循传统或规律，也可以是革新与创意。

Q 葡萄酒瓶底的凹槽是派什么用场的？

就这个问题而言，脱离了实用性的时尚发展是十分有趣的。葡萄酒瓶底的空洞被称作凹槽。据我所知，最早引入凹槽设计的是香槟酒瓶。在早期的香槟酒瓶制作中，凹槽的设计是为了防止瓶底的爆炸，因为在二次发酵中酒瓶的内压高达6个大气压。凹槽的形状决定了酒瓶的承受力和稳定性，从而确保每一瓶香槟在制作、出售以及被享用的过程中都是绝对安全的。

相信没人愿意看到一瓶Dom Pérignon在开瓶时突然爆炸，洒得满屋都是。

现代的酒瓶已经变得足够牢固，即使是起泡酒，也没有必要一定要有瓶底的凹槽。然而，对于那些需要大量堆积已装瓶葡萄酒的酒商（包括大多数香槟生产商在内）来说，凹槽的使用仍然是最为便捷的方式，因为凹槽能够使酒瓶在叠放时更加稳定更牢固。

如今我们仍然能够看到瓶底凹槽的唯一原因就是——时尚美观。显然凹槽能够使酒瓶看起来更漂亮，手感更好并且显得更有档次。凹槽越大，效果就越明显。这种老派的男性乐趣，现在却非常时髦。

这里我要提醒大家：不要被花哨的包装所欺骗。有时我收到的酒瓶很重，很容易让人误以为里面装了双份的量。而有些酒瓶则十分细长，当它们被放在酒架上时会比大多数的酒瓶高出好几英寸。许多酒瓶很难叠放，很难开启，需要很大的力气才能拔出瓶塞，有些甚至连倒酒都要有一定的臂力。你不禁疑惑，为什么这家公司会选择这样的包装。

许多情况下，酒瓶过分花哨的包装是为了使普通的葡萄酒看上去显得高档。不要被这个假象迷惑了，而是要根据你对酒瓶中葡萄酒的了解或你所信赖的人的推荐来决定你所要买的酒。

对那些习惯在倒酒时将大拇指掐入凹槽来握紧酒瓶的人来说，凹槽也十分有用。我认为，这个举动是十分做作的。因为，通常在斟酒过程中，倒酒之后马上转动酒瓶以防酒从酒瓶中滴到餐桌上是非常重要的。如果大拇指掐入凹槽，则根本无法做到这点。我看到很多斟酒服务员都采用这种方法，他们离侍酒师的水平还差得多。任何侍酒师都应该更加清楚怎么样做才更好。

Q 如果一箱葡萄酒中有一瓶葡萄酒被瓶塞污染了，它会影响箱子中其他的酒吗？

这点不用担心，某一瓶葡萄酒受到的瓶塞污染仅限于那一瓶而已，这绝对不意味着其他的葡萄酒也有可能跟着受到了污染。但是遗憾的是，只有通过开瓶的方法才能知道哪些葡萄酒受到了瓶塞污染。

Q 葡萄酒值得投资吗？

几年前，澳大利亚最贵的葡萄酒价格大约在每瓶30～40澳元之间。1990年至1995年间，美国葡萄酒媒体发掘了澳大利亚最著名的餐酒奔富葛兰许，诸如此类"收藏家精选"的价格在二手市场上迅速增长。

一些澳大利亚最顶级葡萄酒的酿造师，例如吉宫（Giaconda）的Rick Kinzbrunne和瀚斯科（Henschke）的Steve Henschke对此非常担心。他们耗费大量的精力、时间和才华酿制出"标志性"的葡萄酒，然后以相对较低利润的价格出售。相反，购买了这些酒的客人们却能够在短短的几周内就将最初花费大约40美金买来的酒以两至四倍的价格再度售出。

市场会显示出这些葡萄酒的真正价格。如果他们的酒确实物有所值并且能够在一段时间内保持高价，那么酿酒商应该在葡萄酒投机者之前便获得利润，这样才公平。因此如今从酿酒商那里购买的澳大利亚标志性佳酿价格昂贵也就不足为奇了。这也是为什么现在投机者无法获得与从前同等投资回报的主要原因。因为从前酿酒商的出售价格大多低于酒的实际价值。

葡萄酒媒体和葡萄酒交易为某些葡萄酒的价格增长创造了环境，现在也正是酿酒商们收获利润的时候。这是最理想的结果，因为酿酒商收入中的很大一部分会被用来投资改进他们的葡萄园和酒庄。

因此，从葡萄酒投资的角度来说，我的建议是购买大量的澳大利亚葡萄酒。你可以为了方便自己、你的朋友和你的孩子享用葡萄酒而创建一个非同寻常的酒窖。但是投资澳大利亚葡萄酒以获取利润的时期已经过去。葡萄酒终究是用来喝的，如果有人想从中获利，那也应该是参与葡萄种植和葡萄酒酿造的人。

如果你仍想把葡萄酒作为一种投资，除非你已有把它当做主要业务来做的充分准备，否则你最好还是不要投资葡萄酒。如果投资，你需要一个完美的酒窖，加上大量的渠道，可以购买到其他人想要收藏、为数不多且具备一定获取投资回报潜力的葡萄酒。

澳大利亚最适合投资的葡萄酒主要有两类：备受崇拜的"流行之巅"和经久不衰的"传承经典"。以葛兰许为代表，经典的葡萄酒是那些类似瀚斯科神恩山（Henschke's Hill of Grace）和Mount Mary赤霞珠的佳酿。这些酒在漫长的岁月中充分证明了其高品质以及诱人的投资回报。由澳大利亚最大且最具影响力的拍卖行Langton发展并管理的顶级酒分类（Classification of Distinguished Wine），就是一份完整的顶级佳酿的清单。

另一方面，近几年来还涌现出了一批小酒庄酿制的小产量葡萄酒以高价出售，特别是老葡萄藤产出的西拉。这与美国著名酒评家罗伯特·帕克单一的分数制评价系统有着密切的关系。只要分数在94分以上，那些不知名的葡萄酒价格也能一飞

冲天，跻身高价葡萄酒行列。包括托布雷酒园（Torbreck）、Wild Duck Creek、Three Rivers、Greenock Creek、Veritas、Noon and以及the Burge Family在内的酒庄酿制的葡萄酒已经成为了澳大利亚拍卖行交易最活跃的葡萄酒。拍卖后，它们会被迅速地运往美国进行再销售。

无论是备受崇拜的还是经典的，这两类酒的数量都十分有限。因此，你必须像收藏家那样找寻合伙人，与酿酒商建立良好的关系，才能得到那些产量很少的佳酿。要进入这个圈子，你必须承担购买目前还未成为"蓝筹股"的葡萄酒的巨大风险。

投资葡萄酒基本规则

选择已有的品牌，无论大小。

无论酿造商是谁，切忌购买较差或者普通年份的葡萄酒。

如果大批量购买，最好购买纸箱未开封的。

一瓶市场有售的葡萄酒也许会十分昂贵，但这并不意味着酒很好或者它会升值。

西拉是当前葡萄酒投资之王。此外，就目前而言，抬高价钱的海外买家不太可能会将目光转向其他不及西拉有明显特点及优势的澳大利亚葡萄酒品种。

在澳大利亚，购买大容量葡萄酒的费用会较高，但是收益很快。在你购买或出售前，不仅要查看代理商或拍卖行的交易记录，还要了解出售和购买过程中佣金的收取情况。

确认你购买的酒来自可靠的代理商或酒窖。

请注意大多数顶级品牌的葡萄酒都已经历了售价再飙升的阶段。

最后，在售酒前再仔细考虑一下，也许自己饮用会带来更多的乐趣。

Q 二氧化硫对葡萄酒起什么作用？

二氧化硫（SO_2）是被添加至葡萄酒中的抗氧化剂和防腐剂。虽然近15年左右，二氧化硫的存在才通过一些国家的酒标中显现出来，但自古希腊时代起，它就以这样或那样的方式被添加到葡萄酒中。尽管葡萄酒产业正大范围地尝试减少二氧化硫的使用，但它仍然被广泛地应用于大多数餐酒，特别是白葡萄酒的酿制中，以确保新鲜度。

过量的二氧化硫会破坏葡萄酒的口感，并会产生类似火柴点燃的令人窒息的味道。

通常而言，与价格相对昂贵的葡萄酒相比，便宜的葡萄酒（特别是那些大批量以桶为单位出售的葡萄酒）会包含更多的诸如二氧化硫之类的防腐剂。醉酒后的不适感会因为防腐剂的存在变得更加糟糕，因此我建议对防腐剂过敏的人选择那些防腐剂含量较低的葡萄酒。

那么就选择品质较好或年份较老的

酒，后者所含的游离二氧化硫分子会随着时间的推移而不断减少。然而即使这样，也不能百分百避免出现醉酒的现象。因为除了二氧化硫之外，还会有其他的因素损害你的健康！

Q 酒标上添加剂的名字和数字代表什么？

出于精准原因，澳大利亚的葡萄酒在公开酿酒添加剂方面一直处于世界领先地位。与新西兰出产的葡萄酒一样，澳大利亚葡萄酒的酒标包含了确定所有作为防腐剂或澄清剂的添加剂的描述性术语。你可以识别出这两种添加剂。

"sulphites"这一项代表葡萄酒中含有二氧化硫。这个充当着抗氧化剂和防腐剂的分子通常以液化气体和电解粉的方式被加入葡萄酒中，并被称为食品添加剂220号。几百年来，二氧化硫一直被用于葡萄酒酿制中。如今，它仍然是世界范围内白葡萄酒的主要防腐剂。

酒商通常都倾向添加充足（但不过量）的二氧化硫来防止葡萄酒遭受细菌腐败和氧化的破坏；葡萄酒中若含有过量的

二氧化硫，则很容易被感知。但并非所有的情况都很完美。如果加入过量的二氧化硫，酒的口感会被破坏，扁桃体部位会感觉到类似火柴点燃的窒息感，同时还会加重哮喘。因此，葡萄酒中不宜添加过多的二氧化硫。

那些装瓶时含有较高残糖成分的甜酒、白葡萄酒和红葡萄酒较容易受到细菌破坏，因此所含二氧化硫的量则有可能较高。

几百年来，鸡蛋（蛋白）以及奶制品（酪蛋白）一直都被用来作为澄清剂。澄清是一个帮助酒的净化，及保持长期稳定的步骤。葡萄渣以及酚类物质（单宁）通过添加惰性物质的方式被去除，这种物质会慢慢地沉入装有葡萄酒的容器底部。在这个过程中，它会和残渣以及单宁结合并形成沉淀。最后沉淀物经过分离或换瓶的方法提取出纯净的葡萄酒。

澄清剂通常是含有蛋白质的物质或者其他能够模拟蛋白质活动的混合物质。蛋白质是最理想的，因为苯酚物质可以对其产生强烈的静电吸引。

大部分的葡萄酒酿造国，特别是定期出口葡萄酒至欧盟的国家必须详细列明酒中所含的允许添加的添加剂。多数添加剂为防腐剂或澄清剂，并且不能对香气产生可察觉的影响。另一种常见的添加剂则是鱼胶，是从鲟鱼鱼鳔中提取的蛋白质。所以，你完全有可能在下次购买的葡萄酒酒标上发现"含有鱼类产品"字样。

任何残留物的数量都小到无法察觉，但对一些对此类物质极度缺乏抵抗力的人来说，它又足以引发副作用。

我们已经了解如果极度过敏的人在不知情的情况下误食了使他们过敏的东西会产生的可怕后果，葡萄酒的酒标对此做出提醒就变得十分重要。但是对大多数的人（任何对此不会产生严重过敏的人）来说，这点完全不用担心。

因此，为避免消费者心中产生不必要的恐惧，酒标提醒无疑是一种有效的手段，能够打消那些需要比其他人更加留意所摄取食物的人的疑虑。学习澳大利亚和新西兰的做法对其他国家来说不失为一个明智之举。

Q 有机葡萄酒是不是比无机葡萄酒更好？

对不同的人来说，"有机"这个词代表着不同的含义。目前，还没有一个全球认同的"有机"定义。

然而，"有机种植"和"有机酿制的葡萄酒"之间有很大的差别。标有"有机种植"的葡萄酒中仍然可以加入各种不同的化学元素。有机种植的葡萄受到的最大危害来自天气、虫害和病害。如果你试图在潮湿的地区或葡萄病害十分风行且极具破坏性的地区种植有机葡萄，那么你将承担极大的风险。相反，如果你的葡萄园拥有远离病害、良好且稳定的环境，那么你在葡萄种植过程中可能无须添加任何农用化学药品。

至少目前，"有机葡萄酒酿造"还是

一个容易引起误解的术语。除了少数的例外步骤之外（如加入PVPP稳定剂），酿酒商们可以采用普通葡萄酒酿制中的任何一个步骤，但仍然称他们的葡萄酒为有机葡萄酒。他们可以在酒中加入他们所想要的二氧化硫的量并给葡萄酒贴上"有机"标签。在我看来，这是十分荒唐的。坦白来说，贴有代表不含二氧化硫的"不添加防腐剂"标签的葡萄酒，才更加严格地遵循了不含添加剂的原则。

原因在于有机酿造的葡萄酒与普通酿造的葡萄酒很难通过品尝区分开来，因为事实上并不存在口味上的区别。

当种植者将他们葡萄园管理模式从老式、非系统的方法转为有机甚至生物动力方式时，对土壤健康和土质的改善是相当惊人的。这也许是因为葡萄种植者们开始更加关注葡萄园的健康，这种心理上的转变甚至比有机或生物动力的方法更有效。

葡萄种植者在葡萄园中引入了生物动力学或有机理念，他们酿制出来的葡萄酒却不一定比未采用这种技术的邻近同行们酿制出的酒更优秀。这里涉及到太多其他的变数。

澳大利亚采用生物动力方法酿制的顶级葡萄酒是Cullen's Diana Madeline的赤霞珠梅鹿辄。酒庄的葡萄园拥有A级有机证书。另一家对此酒做出贡献的葡萄园Mangan，却没有这张证书。公司的红葡萄园最近被改造成了斯科特·亨利架藤结构（Scott Henry），目的是为了增加成熟香气的馥郁度并提高单宁的质量。因此，即使是这些世界级的葡萄园，要确切地说出生物动力学对酿制的葡萄酒的口味、酒质、复杂度的贡献，都为时尚早。我个人相信生物动力学在某些方面起着一定的作用，但是要确切、精准地列出这些改变还不到时候，无论它们是什么。

对葡萄酒来说，特别是涉及很多复杂工艺的葡萄栽培和葡萄酒酿制，要精确地指出何种革新产生何种作用，需要时间。我相信10年之后，我们能够更好地理解有机以及生物动力学理念对优质、中等和较次葡萄园的影响。

撇开这些不说，大部分打着有机或生物动力学葡萄酒酿制旗帜的行为都秉承着热爱土地、造福后代以及质量最终会源自自然环保方式的信念。它们的主要目的是为了减少附加的化学成分。这本身是件很好的事情！

Q 葡萄酒的挂杯说明什么？

一直以来，挂杯对葡萄酒饮用者来说充满着神秘感且激发着他们的兴趣。当我忘记的化学成分超过所能记住的成分时，这个现象能够帮助区分酒的表面张力以及水和酒精（葡萄酒的主要组成部分）的各自沸点。

撇开复杂的、坦白讲有些枯燥的关于挂杯形成的解释，酒杯内壁积聚的弧形水迹随后会以弧形或条纹状沿着杯壁流回葡萄酒中，它也反映出葡萄酒中的酒精含量。

如果是纯酒精或纯水，就不会出现挂杯现象。挂杯能够体现两者的混合比例。因此酒精度越高，挂杯越明显。相似的是，比起一般的餐酒，由贵腐葡萄酿制而成的晚收型甜酒会含有更高的甘油量，所以即使它们的酒精含量不高，也会产生很稠密的挂杯。

从饮用者的角度来说，检查挂杯情况是有一定意义的。那是因为如今餐酒（主要是红酒）的酒精含量在15%以上已然司空见惯。在我看来，只有极少数的餐酒（非加度酒）能够在拥有强劲酒精度的同时又是一支拥有良好平衡度的高质量葡萄酒，虽然我不得不承认的确有少数的葡萄酒能够做到这一点。

因此，检查挂杯的情况是非常必要的。如果一种葡萄酒的酒精含量超高，只要检查杯壁的酒纹情况，你就有充分的理由质疑它的质量和平衡度。不过切忌因为这种视觉因素而拒绝一款酒，这种现象只是传达了如下的讯息：这款酒很有活力，或者品尝起来会很温暖或偏甜，这也是衡量一款酒酒精度是否有明显失衡的手段。

请记住，无论如何，葡萄酒的最终目的都是饮用。不要让视觉感受影响了品尝其实不错的葡萄酒的乐趣！

第3章
在中国有售的澳大利亚葡萄酒

Alkoomi 阿尔格米酒园

　　阿尔格米酒园是大南部地区最古老也最重要的葡萄园之一，位于弗朗克兰河北部分区。它酿制出的红酒强劲有力、甘美、成熟良好且耐藏，因而获得了不少好评。阿尔格米酒园还是大南部地区带有麝香、辛辣味和香水味的雷司令的领先酿制商。

RMB 234, Wingebellup Road, Frankland WA 6396.
电话: (08) 9855 2229. 传真: (08) 9855 2284.
网址: www.alkoomiwines.com.au　　邮箱: info@alkoomiwines.com.au
地区: 弗朗克兰河（Frankland River）　酿酒师: Michael Staniford
葡萄栽培师: Wayne Lange　　　　　　执行总裁: Merv Lange

阿尔格米黑蕾（弗朗克兰河）　*Blackbutt (Frankland River)*

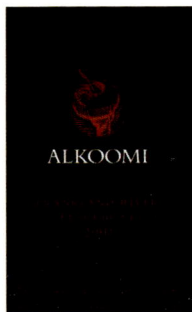

当前年份: 2002年　92/100

最佳饮用时期: 2010–2014+

　　此酒在瓶中陈年后平衡度会更佳，口感紧实，干涩，散发着黑洋李、红醋栗、桑葚和黑莓的香气并伴有甜巧克力和香草橡木的香气。单宁有骨感，呈粉末状。带烟熏和橡木气息的酒香伴着一丝雪松的香气。余味带有持久的深橄榄气息。

赤霞珠（弗朗克兰河）*Cabernet Sauvignon (Frankland River)*

当前年份: 2005年　86/100

最佳饮用时期: 2010–2013

　　一支经巧妙处理、但是略显生涩不宜久藏的赤霞珠。散发着肉味、泥土气息和带着青涩棱角的黑洋李及黑醋栗的香气，伴有雪松的橡木气息。单宁紧实，入口有粗糙感，刚入口时可以感受到活泼的果香，不过余味略显单薄，香气很淡。

Jarrah西拉（弗朗克兰河）*Jarrah Shiraz (Frankland River)*

当前年份：2003年　　89/100

最佳饮用时期：2011-2015+

　　色泽暗沉，辛辣味突出，香气馥郁，这支带有皮革味、奔放的西拉散发着黑莓、桑葚和李子的香气以及带麝香的橡木味和还原物质的气息。口感持久，细腻带收敛性，混合了甜浆果的果香和带铅笔屑气息的橡木味。 防腐剂添加得稍多，不然表现会更佳。

长相思（弗朗克兰河）*Sauvignon Blanc (Frankland River)*

当前年份：2005年　　82/100

最佳饮用时期：2005-2006+

　　这是一支简单、入口有如糖果般甜美的葡萄酒，散发着西番莲的轻微草本香气，口感滞重，余味缺乏持久度和集中度。

西拉维欧尼（弗朗克兰河）*Shiraz Viognier (Frankland River)*

当前年份：2005年　　88/100

最佳饮用时期：2007-2010+

　　一款忠于原始风格、香气馥郁，成熟略显不均匀的葡萄酒，果酱、胡椒和类似黑醋栗的香气带来了果香般的宜人甘美和辛香。刚入口时口感浓郁、柔滑多汁，余味则有些生糙涩口，缺少一点大气和饱满度。

A B C D E F G H I J K L M N O P Q R S T U V W X Y Z

Angove's 安戈瓦

安戈瓦是澳洲最大的家族经营葡萄酒酿制商之一，同时也慢慢成为较成功的酒庄之一。该酒厂开发了好几个单瓶售价在15美元以下的品牌线，如Long Row品牌，该品牌在价格上具有强大的竞争力。安戈瓦在一些重要出口市场的销量也在稳定地上升。

Bookmark Avenue, Renmark SA 5341.

电话: (08) 8580 3100.　　传真: (08) 8580 3155.

网址: www.angoves.com.au 邮箱: angoves@angoves.com.au

地区: 来自不同产地　　酿酒师: Warwick Billings, Tony Ingle

葡萄栽培师: Nick Bakkum　　执行总裁: John Angove

红与黑西拉（来自不同产地）Red Belly Black Shiraz (Various)

当前年份：2006年　　88/100

最佳饮用时期：2008-2011+

这支平衡良好、易饮的旧风格西拉散发着轻微的覆盆子、黑莓和深洋李的甜美香气，并伴有薄荷、桉树和皮革的气息。带有椰子和香草的橡木气息赋予此酒深邃的烟熏香气和复杂度。柔滑、活泼、单宁如丝绸般柔滑、易饮，余味带有糖蜜和沥青的气息。

庄园精选雷司令（克莱尔谷）Vineyard Select Riesling (Clare Valley)

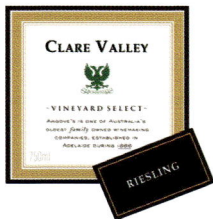

当前年份：2007年　　84/100

最佳饮用时期：2008-2009+

这支忠于品种风格的雷司令带轻微的甜度，散发着酸橙和柠檬的花香，口感柔滑多汁。余味带些许的甜美果香，清爽且充满活力。

庄园精选赤霞珠（库拉瓦拉）
Vineyard Select Cabernet Sauvignon (Coonawarra)

当前年份：2006年　87/100

最佳饮用时期：2011-2014年

　　这是一支大气、香气馥郁、带有轻微草本和薄荷气息的赤霞珠，散发着活泼的黑醋栗、李子和黑巧克力的香气，并伴有甜雪松/香草的橡木气息。带有花香和深色水果的香气以及泥土气息，口感中等，易饮，余味带有金属的气息。

庄园精选西拉（迈拉仑维尔）
Vineyard Select Shiraz (McLaren Vale)

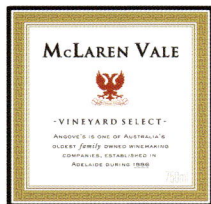

当前年份：2006年　88/100

最佳饮用时期：2011-2014

　　口感集中，果味突出，这支多汁、中等酒体的迈拉仑维尔西拉散发着薄荷、覆盆子的轻微胡椒香气以及黑莓和李子的果香。单宁十分细腻柔滑，或许稍稍有些青涩的棱角，和宜人的酸味。黑巧克力、丁香和香草橡木的气息带着一丝咸味。

A B C C E F G H I J K L M N O P Q R S T U V W X Y Z

Bannockburn 班力本

班力本由Stuart Hooper于1974年建立，这个酒庄前30年的酒都由Garry Farr酿制，Garry自己的酒庄By Farr当时比班力本更加出名。如今，酿酒的大权已经转交到了自信的Michael Glover手中。在公司正在处理Farr离职后的相关事宜且挑战性的季节即将到来时，Glover上任，他的工作态度十分积极，将班力本塑造成为了维多利亚最优质的品牌之一。

1750 Midland Highway, Bannockburn Vic 3331.

电话: (03) 5281 1363.　　　　　　传真: (03) 5281 1349.

网址: www.bannockburnvineyards.com　邮箱: info@bannockburnvineyards.com

地区: 吉龙（Geelong）　　　　　　酿酒师: Michael Glover

葡萄栽培师: Lucas Grigsby　　　　执行总裁: Phillip Harrison

西拉（吉龙）*Shiraz (Geelong)*

当前年份：2003年　　83/100

最佳饮用时期：2005-2008+

这是一款困难年份的产品，肉味、李子、黑莓和覆盆子的烟熏、稍带青涩棱角的香气并未完全散发出来且带有麝香味。甜巧克力和香草的橡木味并没能给煮熟李子的烟熏味和类似梅干的香气增加任何甜度和质感。余味很苦，单宁未成熟。

Bindi 宾迪酒园

宾迪的小型葡萄园的选址极佳，多样、平缓斜坡的灰色沃土中幸运地含有健康的物质——石英。根据生产葡萄酒的种类不同，葡萄园被分成了不同的地块。酒厂的旗舰产品是Block 5黑比诺和Quartz霞多丽，两者都拓宽了各自品种的风格极限。它们显示出卓越的强劲实力，同时也体现出精巧与细致。

343 Melton Road, Gisborne Vic 3437.

电话: (03) 5428 2564. 传真: (03) 5428 2564.

邮箱: mdhillone@bigpond.net.au

地区:马斯顿山脉 （Macedon Ranges） 酿酒师: Michael Dhillon, Stuart Anderson

葡萄栽培师: Michael Dhillon   执行总裁: Michael Dhillon

Composition黑比诺 （ 马斯顿山脉 ）
Composition Pinot Noir (Macedon Ranges)

当前年份: 2005年   90/100

最佳饮用时期: 2007—2010

　　一款适合早期饮用的宜人比诺，带有樱桃、蔓越橘、覆盆子和内敛橡木的辛辣香气，并伴有复杂的本草气息。它口感成熟、简洁。有活力的水果气息呈现着丰富的口感。余味丰富，带有酒精的温热。

Blue Pyrenees 蓝宝丽丝

　　蓝宝丽丝坐落于西维多利亚中央、拥有豪迈名字的帕洛利山脉，在这片上等的土地上，没有什么是渺小和微不足道的。精心规划的葡萄园有着177公顷的葡萄藤，相比之下，它隶属于人头马公司时期建立的酒窖设备则显得不那么壮观。经验老道、才华横溢的酿酒师Andrew Koerner在去年Vincent Gere的优质酿酒传统的基础上酿制出了一些优雅、果香馥郁、酒体细密的红酒以及一些令人赞叹、经典风格的霞多丽。

Vinoca Road, Avoca Vic 3467.

电话: (03) 5465 3202.   传真: (03) 5465 3529.

网址: www.bluepyrenees.com.au   邮箱: info@bluepyrenees.com.au

地区: 帕洛利 （Pyrenees ）   酿酒师: Andrew Koerner

葡萄栽培师: Sean Howe   执行总裁: John B. Ellis

赤霞珠（帕洛利）*Cabernet Sauvignon (Pyrenees)*

当前年份：2004年　　89/100

最佳饮用时期：2009~2012+

　　一支余味宜人、具有紧实度和优雅性且忠于品种风格的赤霞珠，散发着薄荷和类似紫罗兰的香气。带薄荷香气的浆果/李子香味与精致的橡木味和单宁紧密地交织在一起。同时，黑莓、黑洋李、巧克力和黑橄榄的香气持续始终，带来令人愉悦的持久口感。

Bowen Estate　宝云庄

　　宝云庄是一家家族经营的葡萄园和酒厂，位于以红色灰质土壤出名的库拉瓦拉中心地带，如今他们拥有33公顷的葡萄园。第二代管理人Emma Bowen全权负责酿酒，并在酒庄成熟良好、香气馥郁的传统红酒基础上加入了优雅度和复杂性。这样，葡萄酒既保留了宝云庄酒酒体丰富的典型特点，又增加了一定的优雅和持久的魅力。

Riddoch Highway, Coonawarra SA 5263.

电话: (08) 8737 2229.　　　　　　　传真: (08) 8737 2173.

网址: www.coonawarra.org/wineries/bowen/　邮箱: bowen@bowenestate.com.au

地区: 库拉瓦拉 (Coonawarra)　　　　　酿酒师: Emma Bowen

葡萄栽培师: Doug Bowen　　　　　　　执行总裁: Joy Bowen

赤霞珠（库拉瓦拉）*Cabernet Sauvignon (Coonawarra)*

当前年份：2005年　　89/100

最佳饮用时期：2013~2017+

　　散发着烘烤味、烟熏橡木味的香气，这款丰富的带有雪松香气的赤霞珠在拥有15%酒精度的同时保持了良好的平衡。带有黑洋李、浆果和雪松的香气并伴有复杂的肉味。口感柔滑、均匀，果汁丰富。酒精感觉稍强，黑醋栗/

黑莓的香气馥郁，带有一丝烘烤的法国橡木桶味，单宁紧实柔滑。

西拉（库拉瓦拉）*Shiraz (Coonawarra)*

当前年份：2004年　94/100

最佳饮用时期：2012–2016+

　　优雅，细密、果味馥郁，这是一支出奇持久、紧实和丰富的现代西拉。淡淡的紫罗兰香气、浓郁的黑莓、蓝莓、黑巧克力香气和复杂的肉香伴着丁香、肉桂和黑橄榄的辛辣气息。细腻、较干的单宁带来持久、略显酸味的口感，余味带矿物的刺激咸味。

Bremerton　柏明顿

　　柏明顿酿制的红葡萄酒色泽清澈、果香馥郁、橡木味浓郁、价格适中并且可以立即享用。该酒庄近几个年份的葡萄酒都带有矿物的咸味，但是酿酒师Rebecca Willson在保持酒庄的风格方面做得非常出色。最近几个年份的特酿红酒显得更加成熟，并带有果酱风味。

Strathalbyn Road, Langhorne Creek SA 5255.
电话: (08) 8537 3093.　传真: (08) 8537 3109.　网址: www.bremerton.com.au
邮箱: info@bremerton.com.au　地区: 兰好乐溪（Langhorne Creek）
酿酒师: Rebecca Willson　葡萄栽培师: Tom Keelan　执行总裁:Craig Willson

Old Adam西拉（兰好乐溪）*Old Adam Shiraz (Langhorne Creek)*

当前年份：2003年　88/100

最佳饮用时期：2008–2011

　　这是一支陈年相对较快的旧风格西拉，泥土和肉质香气带着一丝巧克力和马棚的气息。余味十分生糙。

Tamblyn赤霞珠混调酒（兰好乐溪）
Tamblyn Cabernet Blend (Langhorne Creek)

当前年份：2003年　　86/100

最佳饮用时期：2005—2008

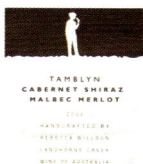

这支干红带有葡萄干和老化味道，散发着辛辣味、肉味和巧克力的气息。口感多汁，并带有轻微的草本果香。但是口感欠缺持久度和新鲜度。

Bridgewater Mill 水桥酒坊

水桥酒坊创立于20世纪80年代末，最早致力于生产一系列新鲜的餐酒，其中有些大概称得上是澳大利亚最活泼的长相思。这种情况一直延续到肖和史密斯酒庄（Shaw&Smith）长相思的兴起。此后，它经历了一段低谷时期，当时的产品经理经验尚浅并误认为将三个毫不相关产区的次等葡萄混合在一起能够酿制出有趣且饮用度极佳的葡萄酒。幸运的是酒坊最终还是回到了它的精神故乡阿德莱德山。但是酒坊如今的酒与过去相比，仍然存在着一定差距。

Mount Barker Road, Bridgewater SA 5155.

电话: (08) 8339 9200.　　　　　　　传真: (08) 8339 9299.

网址: www.bridgewatermill.com.au　　邮箱: bridgewatermill@petaluma.com.au

地区: 阿德莱德山（Adelaide Hills）　　酿酒师: Andrew Hardy

葡萄栽培师: Mike Harms　　　　　　　执行总裁: Anthony Roberts

西拉（来自不同产地，南澳大利亚）　*Shiraz (Various, SA)*

当前年份：2005年　　81/100

最佳饮用时期：2007—2010

它口感略显生硬、有棱角，并有着烘焙过的水果风味。带有浓烈的黑莓、李子和醋栗的香气和肉味，余味生涩、生硬，十分平淡。

长相思（阿德莱德山） *Sauvignon Blanc (Adelaide Hills)*

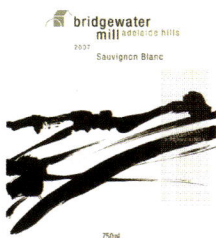

当前年份：2007年　85/100

最佳饮用时期：2008-2009

相对显得粗糙、平淡，这支带有轻微煮熟味和汗味的长相思散发着醋栗和瓜果的浓重香气，伴有青草和矿物的气息。此酒带适度的醋栗和柠檬香气，但余味紧致，矿物质口感和柑橘般的酸味。

Brokenwood　布肯木

虽然布肯木会从比曲尔斯、奥兰治、帕诺拉马山、国王谷和迈拉仑维尔等地区收集葡萄，但是毫无疑问它的精神故乡还是在猎人谷。虽然它酿制着甘美、巧克力味突出、如天鹅绒般柔软的迈拉仑维尔西拉，但是其中未受到赞美的杰出产品则是一款猎人谷酒——制作精良的2005年西拉。用比曲尔斯Indigo葡萄园酿制的葡萄酒忠于原始风格但却不那么引人注目。

McDonalds Road, Pokolbin NSW 2320. 电话: (02) 4998 7559. 传真: (02) 4998 7893.
网址: www.brokenwood.com.au　　　邮箱: sales@brokenwood.com.au
地区: 来自各个产区　　　　　　　　酿酒师: Peter-James Charteris
葡萄栽培师: Keith Barry　　　　　　执行总裁: Iain Riggs

格雷屋西拉（下猎人谷）
Graveyard Vineyard Shiraz (Lower Hunter Valley)

当前年份：2005年　95/100

最佳饮用时期：2017-2025

这支带有肉味和麝香的葡萄酒散发着黑莓、李子和紫罗兰的淡雅香气并伴有精致橡木的甜美气息。口感持久，细腻优雅，带有醋栗、交织着黑莓和黑洋李香气以及带甜美香草、雪松和黑巧克力橡木味的口感十分绵长。是一款较为强劲的猎人谷西拉，反映出了该产区葡萄酒口感紧实、辛辣味十足的特点。

赛美蓉（下猎人谷） *Semillon (Lower Hunter Valley)*

当前年份：2007年　90/100

最佳饮用时期：2012-2015+

　　此酒散发着白色花朵、瓜类和柠檬的精致烟草香气。口感持久、清新活泼，品种特有的香气十分突出，精致、有矿物质口感和突出的、活泼宜人的酸度。口感持久、单薄，充满活力，带有该产区特有的紧绷感和集中度。

西拉（下猎人谷） *Shiraz (Lower Hunter Valley)*

当前年份：2005年　93/100

最佳饮用时期：2018-2026

　　这是一支优雅，结构精致、香味馥郁的西拉，散发着淡淡的烟熏味和黑樱桃、李子及雪茄的辛辣果香并伴有一丝巧克力的气息。酒体适中偏重，成熟多汁，口感持久宜人带有果香，单宁细腻带收敛感。余味带有薄荷和薄荷脑的气息，烟熏培根的香气十分绵长。

涉山园区西拉（迈拉仑维尔） *Wade Block 2 Shiraz (McLaren Vale)*

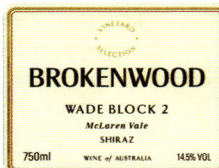

当前年份：2006年　94/100

最佳饮用时期：2014-2018

　　此酒十分动人、恰到好处、完美无缺。紫罗兰、醋栗、覆盆子、黑樱桃和甜洋李的香气与精致的雪松或香草或巧克力橡木紧密地交织在一起，并伴有胡桃和胡椒的辛辣肉味。口感持久，如丝绸般柔滑，带有活泼的果香和柔滑的橡木气息。单宁细密脆爽。余味持久，带有持久的果香和略微明显的酒精度。

Brown Brothers 布琅兄弟

布琅兄弟在澳大利亚葡萄酒界占据着十分独特的位置，很大程度是因为它坚持用澳大利亚地区种植的每个商业化品种来酿制餐酒。这使他们在出口市场占据了主要的优势。比如在英国和中国，类似特宁高品种的轻盈酒体红酒，香甜、低酒精含量，还有轻盈活泼的红酒品种森娜以及甘甜的Orange Muscat&Flora和花香馥郁的葡萄酒特别受到欢迎。我正在关注其旗下帕秋莎系列的红酒，这系列的产品将力度和优雅完美地结合在了一起。

239 Milawa-Bobinawarrah Road, Milawa Vic 3678.

电话: (03) 5720 5500. 传真: (03) 5720 5511. 网址: www.brownbrothers.com.au

邮箱: bbmv@brownbrothers.com.au 地区: 维多利亚东南部（NE Victoria）

酿造师: Wendy Cameron, Chloe Earl 葡萄栽培师: Bret Mclen 执行总裁: Ross Brown

帕秋莎西拉（西斯寇特，国王谷，帕洛利）
Patricia Shiraz (Heathcote, King Valley, Pyrenees)

当前年份：2004年　90/100

最佳饮用时期：2012-2016+

伴着白胡椒、丁香和肉桂的香气，这支口感持久柔滑、优美的西拉散发着黑醋栗、黑莓、黑洋李的香气和烟熏味、带野味的摩卡味以及美国橡木桶的甜香草味。单宁十分细腻、活泼，酒体紧实、余味带有一丝甘草味和浓郁的黑色水果味。在橡木桶中陈年或许表现会更好。

维多利亚赤霞珠（维多利亚）
Victoria Cabernet Sauvignon (Victoria)

当前年份：2006年　89/100

最佳饮用时期：2011—2014+

一支醇厚、略带旧传统风格的赤霞珠，散发着类似紫罗兰的黑洋李、黑莓和雪松/香草橡木味的香气，伴有轻微的黑橄榄气息。口感持久，带浓郁的黑色水果味，黑巧克力的橡木味，此酒缺少丰富的果味来支撑它的干燥坚实的涩感。

维多利亚霞多丽（维多利亚） *Victoria Chardonnay (Victoria)*

当前年份：2006年　85/100

最佳饮用时期：2008-2011

一支简单、单调的酒，散发着干花的柔软酒香。适中的瓜类、桃子和柠檬水果的香气带有轻微的纸板味，烘烤橡木味带有腰果和羊毛脂的香气。余味单调并略带生硬口感。

Cape Mentelle　曼达岬葡萄园

曼达岬是西澳大利亚玛格丽特河地区历史悠久的高端葡萄酒酿酒商，在才华横溢的Robert Mann的领导下，曼达岬再次证明了顶尖酿酒商的实力。虽然2006年份葡萄酒因为气候的寒冷阴沉而缺少力度和成熟度，但是白葡萄酒，尤其是2007年的白葡萄酒，却散发着纯净清新的果味，口感十分脆爽集中。

Wallcliffe Road, Margaret River WA 6285.
电话: (08) 9757 0888. 传真: (08) 9757 3233.
网址: www.capementelle.com.au 邮箱: info@capementelle.com.au
地区: 玛格丽特河（Margaret River）葡萄栽培者: Jim White
酿酒师: Robert Mann, Simon Burnell, Tim Lovett　常务董事: Robert Mann

特瑞德赤霞珠梅鹿辄（玛格丽特河）
Cabernet Merlot 'Trinders' (Margaret River)

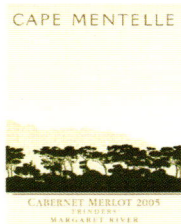

当前年份：2006年　85/100

最佳饮用时期：2008-2011

此酒散发着薄荷和薄荷脑的泥土气息以及蓝莓、黑莓、覆盆子和甜樱桃的草本气息，伴着一丝烘烤香草的橡木味。刚入口时口感活泼多汁，带有黑/红浆果的香气，余味带有轻微植物气息，酸度和单宁都略显生涩。在如此寒冷的年份里，算是一款不错的酒。

赤霞珠（玛格丽特河） Cabernet Sauvignon (Margaret River)

CAPE MENTELLE

CABERNET SAUVIGNON 2004

当前年份：2004年　96/100

最佳饮用时期：2016-2024+

这支贵气的、结构紧实、平衡度良好的出色赤霞珠散发着轻微的草本和紫罗兰的气息和经典的橡木风味。浓郁的浆果、黑樱桃和黑醋栗的香气伴有干草本、复杂的肉类气息。同时也展现出烘烤味和雪松、黑巧克力般的橡木味。口感持久活泼，单宁紧实细密，呈粉末状。余味绵长带有轻微的深色水果的肉质香气。

霞多丽（玛格丽特河） Chardonnay (Margaret River)

CAPE MENTELLE

CHARDONNAY 2006

当前年份：2006年　95/100

最佳饮用时期：2011-2014

这是一支醇正、复杂的霞多丽，散发着新鲜瓜类、柚子和酸橙汁的花香，伴着酵母味和粗面粉及适中的香草或柠檬橡木气息。口感持久优雅，把霞多丽纯净的果香与新鲜的香草橡木气息结合在一起。入口有紧绷感，酸度带有矿物气息。它口感清新、持久、有活力。它有宜人的、紧凑的结构，很轻易地就以鲜明、光滑的口感来平衡另类的复杂特质。

长相思赛美蓉（玛格丽特河）
Sauvignon Blanc Semillon (Margaret River)

CAPE MENTELLE

SAUVIGNON BLANC SEMILLON 2006
MARGARET RIVER

当前年份：2007年　92/100

最佳饮用时期：2008-2009+

此酒精致、散发着轻微的青草味和醋栗、瓜类、热带水果和西番莲的活泼香气，是一支质朴、色泽清澈的混调白葡萄酒，口感醇正，清爽、活泼。具有良好的持久度、新鲜度和集中度。余味带紧绷感。口感稍显过于香甜，不然得分会更高。

A
B
C
D
E
F
G
H
I
J
K
L
M
N
O
P
Q
R
S
T
U
V
W
X
Y
Z

西拉（玛格丽特河） *Shiraz (Margaret River)*

当前年份：2006年　90/100

最佳饮用时期：2011-2014+

这支制作精良、带有肉味的时髦西拉散发着黑樱桃、李子、烟熏香草的橡木气息并伴有丁香、肉桂、干草本和番茄梗的气息。口感粗犷、颇具复杂性，紧实干涩的单宁提升了黑莓、蓝莓和黑洋李的气息。余味带轻微的草本香气、生涩的单宁和酸度。

Chandon　碧汇葡萄园

碧汇酒庄于20世纪80年代建立，它不仅重新改进了澳洲的酿酒工艺以及澳洲对于酿制起泡酒的态度，并且独自开辟了由经典香槟品种酿制而成的凉爽地区葡萄酒市场。如今该酒厂酿制的产品无论是在多样性还是质量上都相当出色，其中包括新鲜、绵密的无年份起泡酒。

Green Point Maroondah Highway, Coldstream Vic 3770.
电话: (03) 9738 9200. 传真: (03) 9738 9201.网址: www.chandon.com.au
邮箱: info@domainechandon.com.au 地区: 南澳大利亚 (Southern Australia)
酿酒师: Andrew Santarossa, Matt Steel, Adam Keath, Glenn Thompson
葡萄栽培师: Bernie Wood　常务董事: Robert Remnant

霞多丽（雅拉谷） *Chardonnay (Yarra Valley)*

当前年份：2006年　87/100

最佳饮用时期：2008-2011

此酒色泽偏淡，精致，酒体轻盈。散发着白色桃子、瓜类、苹果和生梨的收敛气息并伴有带奶油、坚果气息的香草橡木味。口感持久绵密，带有辛辣味、丁香气息和收敛的柠檬果香，余味带有脆爽的酸度。口感醇厚干净，但是缺乏复杂性和特点。

Charles Melton 查尔斯美顿

查尔斯美顿是一家酿制饱满成熟的布诺莎红酒的广受欢迎的酒厂。虽然按照纯粹主义者的说法，酒庄位置处在过度成熟的地带，但是该酒庄酿制出的葡萄酒一直保持着大气、开放、香气馥郁等特征，非常值得青睐。就个人来说，我希望他们在采收葡萄时能够更好地保持葡萄新鲜和浓郁。最好的九波颂（Nine Popes）系列非常引人注目。

Krondorf Road, Tanunda SA 5352. 电话: (08) 8563 3606. 传真: (08) 8563 3422. 网址: www.charlesmeltonwines.com.au 邮箱:charlie@charlesmeltonwines.com.au 地区:布诺萨山谷（Barossa Valley）酿酒师: Graeme Melton 葡萄栽培师: Peter Wills 执行总裁: Graeme Melton

布诺萨西拉（布诺萨山谷）*Barossa Shiraz (Barossa Valley)*

当前年份：2005年　86/100

最佳饮用时期：2007–2010

这是一支饱满、相对简单、肉味丰富的西拉。带有老化味道的黑洋李和葡萄干的香气在混合了香草、焦糖和咖啡的橡木桶中陈年后变得更加持久和甘甜。单宁相对单薄、简单。余味缺乏强度和新鲜度。

赤霞珠（布诺萨山谷）*Cabernet Sauvignon (Barossa Valley)*

当前年份：2005年　89/100

最佳饮用时期：2010–2013+

它颜色深沉、浑厚，带有黑醋栗、桑葚和黑洋李的浓郁香气以及甜雪松或香草橡木和干树叶、薄荷、薄荷脑的草本气息。口感柔滑多汁，果味突出，带有浓郁的香气。虽然带有一些老化味道。而与空气接触后，它的生涩口感会减少。

九波颂 (布诺萨山谷) *Nine Popes (Barossa Valley)*

当前年份：2005年　88/100

最佳饮用时期：2007−2010

　　此酒甘甜、柔和多汁，带有黑莓、黑醋栗和红醋栗的甜美香气，是一支大气、香气浓郁的混调酒，肉味突出，并带有葡萄干的气息。口感紧实度中等，但十分柔滑，余味时果香变得稀薄。

Clover Hill 克洛弗黑尔

　　克洛弗黑尔坐落在北塔斯马尼亚，是塔尔塔尼旗下专产起泡酒的酒庄。它的酒典型特点是：新鲜、带有热带水果香及轻微的草本香气，口感持久、绵密、脆爽，余味带有宜人的酸度。

60 Clover Hill Road, Lebrina Tas 7254.

电话: (03) 6395 6114.　　　　传真: (03) 6395 6257.

网址: www.taltarni.com.au　　邮箱: info@taltarni.com.au

地区:笛手河（Pipers River）　酿酒师: Loïc Le Calvez

葡萄栽培者: Kym Ludvigsen　执行总裁: Adam Torpy

年份陈酿（笛手河） *Vintage (Pipers River)*

当前年份：2003年　89/100

最佳饮用时期：2005−2008+

　　此酒散发着烤土司味和草本香气，酒体略显厚重，新鲜度欠缺。但仍是一款风格宜人、酒体良好的起泡酒。带有新鲜瓜类、白桃和轻快的热带水果的口感。浓郁、脆爽，带有坚果、肉味和复杂的酒泥味，余味较干并带有烘烤的酵母香气。

Coldstream Hills 冷溪山

冷溪山是Fosters集团雅拉谷皇冠上的一颗珠宝，邻近的St Huberts 和 Yarra Ridge也隶属于Fosters。我对该酒厂2006年勃艮第品种的葡萄酒有点不以为然，特别是在该公司决定酿制略带老化味的Amphitheatre Block黑比诺（89/100，最佳饮用时期2008-2011）之后。2007的葡萄酒也散发着明显的烟熏味。冷溪山是由葡萄酒评论家James Halliday创建的。为了实现他酿制世界级黑比诺的梦想，他放弃了在悉尼一家公司从事法律工作的职位。

31 Maddens Lane, Coldstream Vic 3770.

电话: (03) 5964 9388. 传真: (03) 5964 9389.　网址: www.coldstreamhills.com.au

地区: 雅拉谷（Yarra Valley）　酿酒师: Andrew Fleming

葡萄栽培师: Richard Shenfield　执行总裁: Jamie Odell

霞多丽（雅拉谷）Chardonnay (Yarra Valley)

当前年份：2005年　　90/100

最佳饮用时期：2007-2010

这是一支优雅、收敛、宜人活泼、风格细腻的年轻霞多丽，散发着桃子或瓜类的水果花香并伴有柑橘花和粗面粉的气息。紧实集中的口感带有核果、苹果和生梨的香气。余味活泼，带有柠檬的清新酸度。

梅鹿辄（雅拉谷）Merlot (Yarra Valley)

当前年份：2005年　　93/100

最佳饮用时期：2010-2013+

此酒散发着黑樱桃、黑莓的肉质香气和轻微的烟熏或摩卡橡木气息，口感丰饶、成熟多汁，单宁细密干涩，单薄。此酒野味突出，忠于品种特色，口感持久带有平衡性。现在饮用略显强劲，经过陈年后口感会更佳。

黑比诺（雅拉谷）*Pinot Noir (Yarra Valley)*

当前年份：2007年　87/100

最佳饮用时期：2008-2009+

　　此酒辛辣、花香馥郁，散发着玫瑰、红樱桃、辛辣的香草橡木味和肉味。口感丰饶多汁，浓郁细密，带有红樱桃、李子、雪松橡木的气息。单宁精致、呈颗粒状口感。余味带有轻微的烟熏、烟灰缸的气息。目前，它是一支非常漂亮的酒，但是随着时间推移表现有可能会变差。

特酿黑比诺（雅拉谷）*Reserve Pinot Noir (Yarra Valley)*

当前年份：2006年　89/100

最佳饮用时期：2008-2011

　　此酒带烟熏味、橡木味，充满了黑樱桃和李子的果香，口感宜人，但缺少特色和和谐，因此分数并不高。肉味、摩卡和绿色植物的气息贯穿始终，口感强劲，但稍显厚重并略带涩感，余味带有薄荷和薄荷脑的气息。

Coriole　可利庄园

　　可利庄园是迈拉仑维尔一家历史悠久的小型葡萄酒工厂。它采用的做法是在地区流行品种西拉、桑娇维塞和赛美蓉稳定、良好平衡性的基础上增加一点艺术性和精致度。此外，它也酿制上等优雅的赤霞珠，这个系列称为玛莉凯思琳珍藏系列（Mary Kathleen Reserve）赤霞珠梅鹿辄。当然还有澳大利亚最有趣且历史悠久的白诗南，这是一款典型的易饮且丰富的葡萄酒。

Chaffeys Road, McLaren Vale SA 5171.

电话: (08) 8323 8305.　　　　　传真: (08) 8323 9136.

网址: www.coriole.com　　　　　邮箱: info@coriole.com

地区: 迈拉仑维尔（McLaren Vale）　酿酒师: Simon White

葡萄栽培师: Russel Altus　　　　执行总裁: Mark Lloyd

白诗南（迈拉仑维尔）*Chenin Blanc (McLaren Vale)*

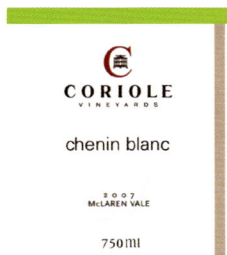

当前年份：2007年　88/100

最佳饮用时期：2008-2009

　　这是一款易饮浓厚的干型葡萄酒，散发着成熟、糖果、烟草和类似瓜类的香气，伴着一丝青草味和烟熏香草橡木味。是一支柔滑、直接的年轻白诗南。　余味柔滑温和。

劳埃德珍藏西拉（迈拉仑维尔）
Lloyd Reserve Shiraz (McLaren Vale)

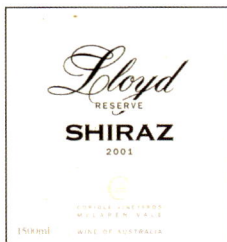

当前年份：2005年　91/100

最佳饮用时期：2013-2017+

　　饱满带肉味，这款厚重、果味丰富的西拉散发着令人振奋的紫罗兰、黑醋栗、黑洋李和辛辣、粉末状的香草橡木味，伴有一丝烟熏、薄荷脑的气息。一流的工艺酿制而成，酒力强劲但是恰到好处。口感香气馥郁，甘甜，并带有轻微的黑莓、黑洋李、甜橡木的果酱风味。典型的澳大利亚风格但是缺少优雅性，但仍属这个年份的上乘之作。

玛莉凯思琳珍藏赤霞珠梅鹿辙（迈拉仑维尔）
Mary Kathleen Reserve Cabernet Merlot (McLaren Vale)

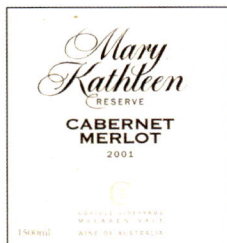

当前年份：2004年　90/100

最佳饮用时期：2012-2016

　　香气馥郁，这支平衡度极佳、　柔滑、果味丰富的赤霞珠混调酒散发着泥土味，黑莓、李子和雪松的香气及轻微的肉味。单宁紧实细腻较干，带浓郁浆果、李子、红醋栗和雪松香气的持久口感与甘甜的香草/雪松橡木味紧密地交织在了一起。

红石西拉（迈拉仑维尔）*Redstone Shiraz (McLaren Vale)*

当前年份：2005年　89/100

最佳饮用时期：2010-2013

　　忠于原始风格、香气馥郁、充满黑色水果芳香，这支新鲜、生动的西拉散发着甜覆盆子、红醋栗、黑醋栗和黑莓的香气。伴着甜香草橡木和一丝白胡椒、肉桂和肉豆蔻的气息。易饮、口感带黑色水果风味，如蜜饯般的甜美，紧实突出的单宁带来丰富强烈的口感，余味持久新鲜。

桑娇维塞（迈拉仑维尔）*Sangiovese (McLaren Vale)*

当前年份：2007年　91/100

最佳饮用时期：2009-2012+

　　一支浓郁、带辛辣味的桑娇维塞，散发着酸浆果、李子和黑巧克力的香气，伴有花香和肉类、汽油的气息。平滑柔顺，精致。单宁细密，口感紧密，带樱桃/李子的果香和令人愉悦的酸度，余味持久带咸味。

西拉（迈拉仑维尔）*Shiraz (McLaren Vale)*

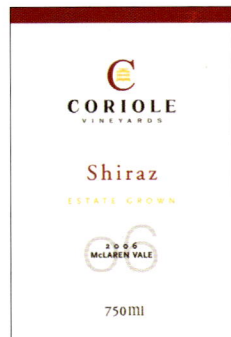

当前年份：2006年　92/100

最佳饮用时期：2014-2018

　　此酒优雅、柔滑、易饮，散发着浓郁的黑莓、蓝莓、黑洋李和黑巧克力的香气，伴随轻微的野肉、丁香和肉桂的气息。口感持久、平滑精致，带有新鲜、醇正的果味，轻微的薄荷气息和甜雪松或香草的橡木味，单宁细密，有矿物质感。成熟均匀，平衡性良好。

Craneford 凯富酒庄

凯富酒庄位于布诺萨谷中心地带Truro村庄古老的消防大楼内，该酒庄酿制香气馥郁、橡木味突出、成熟良好的布诺萨红酒及来自阿德莱德山凉爽产区的更为细腻优雅的葡萄酒。

27-31 Main Street, Truro SA 5356
电话: (08) 8564 0003.   传真: (08) 8564 0008.
网址: www.cranefordwines.com   邮箱: sales@cranefordwines.com
地区: 布诺萨山谷（Barossa Valley） 阿德莱德山（Adelaide Hills）
酿酒师: Carol Riebke, John Glaetzer   执行总裁: Dennis Davies

埃里森帕斯赛美蓉长相思（布诺萨山谷）
Allyson Parsons Semillon Sauvignon Blanc (Barossa Valley)

当前年份: 2007年   87/100

最佳饮用时期: 2008-2009

这支橡木味突出的葡萄酒散发着轻微的烟熏味和草本香气，醋栗、丁香和香草橡木的香气带着一丝干酪和汗味的气息。带有坚果味的口感丰富、风味极佳。带有丰饶的热情果和瓜类风味的余味略显青涩，具有持续的矿物质感。

维欧尼（阿德莱德山）*Viognier (Adelaide Hills)*

当前年份: 2007年   87/100

最佳饮用时期: 2008-2009

此酒散发着白色花朵、桃子和杏的优雅香气，并带有麝香的辛辣味和伴有坚果和奶油气息的丁香气味。入口时口感适中，易饮，之后则变得丰饶并带肉味。虽然入口前的香气十分馥郁，但是口感缺少持久度和新鲜度。

d'Arenberg 黛伦堡

黛伦堡或许是世界上最大的优质歌海娜红酒的酿造商。酒庄所处的迈拉仑维尔幸运地拥有众多古老的种植歌海娜的大型葡萄园。黛伦堡酿制的2004年份的葡萄酒非常出色，而2005年的酒则更加成熟厚重。

电话: (08) 8329 4888. 传真: (08) 8323 8423.
网址: www.darenberg.com.au 邮箱: winery@darenberg.com.au
地区: 迈拉仑维尔（McLaren Vale）　　酿酒师: Chester Osborn, Jack Walton
　　　阿德莱德山（Adelaide Hills）　　葡萄栽培师: Chester Osborn, Giulio Dimasi
　　　弗乐茹半岛（Fleurieu Peninsula）　常务董事: d'Arry Osborn

黛伦之源西拉歌海娜（迈拉仑维尔）
d'Arry's Original Shiraz Grenache (McLaren Vale)

当前年份: 2005年　　84/100

最佳饮用时期: 2007–2010

这支带有老化味道和果酱味、肉味丰富、黑色水果香气馥郁的歌海娜散发着黑洋李、黑莓和烘烤泥土的活泼香气。刚入口时口感饱满、成熟，中段的口感则有些涩口和空洞，余味单薄、平淡，缺少鲜明的果味。

科伯道赤霞珠（迈拉仑维尔）
The Coppermine Road Cabernet Sauvignon (McLaren Vale)

当前年份: 2005年　　89/100

最佳饮用时期: 2017–2025

这支深邃、饱满、果味丰富的赤霞珠散发着醋栗、深洋李和黑巧克力的深色水果香气并伴有薄荷脑的气息。口感紧实，强劲有力，带有浓郁的深色水果、矿物和巧克力橡木的气息。单宁干涩、带有铁矿石的口感。稍稍有果酱的风味和生涩的口感，没有老化味道。

守护者歌海娜（迈拉仑维尔）
The Custodian Grenache (McLaren Vale)

当前年份：2005年　　87/100

最佳饮用时期：2007-2010+

　　这支略带煮熟气味的精致歌海娜散发着浓厚、深色水果、相对收敛的肉味的香味，其中包含着成熟李子和黑醋栗的香气以及强烈的酒精味。在口中，它直接、浓郁，如果酱般的覆盆子和红醋栗的浓郁香气略微地减弱，使得余味显得单薄、有棱角。余味有宜人的酸味。

枯藤西拉（迈拉仑维尔）*The Dead Arm Shiraz (McLaren Vale)*

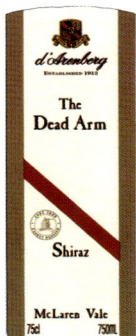

当前年份：2005年　　90/100

最佳饮用时期：2013-2017

　　这支饱满成熟良好的西拉口感辛辣、强劲，有些许生涩，陈年后则会则会显得更加优雅。它散发出的黑莓、黑醋栗的肉质香气和李子的果香伴着甜美的雪松橡木气息。单宁紧实呈粉末状，橡木桶中的精心陈年使酒的口感持久并带有浓郁的丰富果味，适合在窖中储藏。

闪电西拉（迈拉仑维尔）*The Footbolt Shiraz (McLaren Vale)*

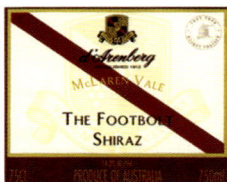

当前年份：2004年　　90/100

最佳饮用时期：2012-2016+

　　这支多汁、丰富、色泽诱人的年轻西拉成熟良好。黑或红浆果、黑胡椒、丁香和肉桂的甜美香气与香草的橡木气息和谐交织，口感在此品牌原有的鲜明和集中度上更进了一步，非常浓烈的口感 有着椰子和香草橡木气息的衬托。它活泼多汁。余味带宜人的酸度。

车库作坊赤霞珠混调（迈拉仑维尔，阿德莱德山）
The Galvo Garage Cabernet Blend (McLaren Vale, Adelaide Hills)

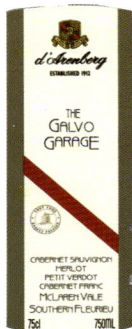

当前年份：2004年　91/100

最佳饮用时期：2016-2024

　　这支柔和顺滑的红酒平衡良好，十分优雅，混合了黑莓、李子的动人香气以及带摩卡或黑巧克力气息的新橡木气息。单宁紧呈粉末状口感。浆果或樱桃的薄荷香气夹杂着桉树、薄荷脑和稀薄的肉味，丰饶的口感绵长、圆滑，具有良好的平衡性。

巨藤赤霞珠 (迈拉仑维尔)
The High Trellis Cabernet Sauvignon (McLaren Vale)

当前年份：2004年　89/100

最佳饮用时期：2009-2012+

　　此酒散发着黑/红浆果的甜香气、收敛的香草橡木味和薄荷、轻微草本及薄荷脑的气息。口感活泼多汁，带有浓郁的果味，单宁紧实。工艺精湛，口感持久，具有良好的集中度和平衡性。

铁石（歌海娜 西拉 幕尔维德）（迈拉仑维尔）*The Ironstone Pressings (Grenache Shiraz Mourvèdre) (McLaren Vale)*

当前年份：2005年　90/100

最佳饮用时期：2010-2013+

　　此酒带有轻微的辛辣味和果酱气息，散发着李子和浆果的醋栗果香，口感清爽活泼。单宁结构细致，如丝绸般柔滑。口感带有封闭的蓝莓、黑莓和覆盆子的糖果香气并伴着一丝李子和醋栗的气息。余味鲜明、新鲜。是这个年份较为出色的一款酒。

喜鹊西拉 维欧尼（迈拉仑维尔）
The Laughing Magpie Shiraz Viognier (McLaren Vale)

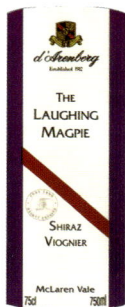

当前年份：2005年　88/100

最佳饮用时期：2008–2011

　　这是一支多汁、成熟、简洁的葡萄酒，维欧尼散发的石杏花香气提升了混合着麝香、肉味、覆盆子或黑莓或醋栗的辛辣香气。此酒丰饶带果酱香气，虽然入口时的口感具备维欧尼品种所特有的强度，但是缺乏持久度，余味带金属味和葡萄干风味。

贵族雷司令（迈拉仑维尔）*The Noble Riesling (McLaren Vale)*

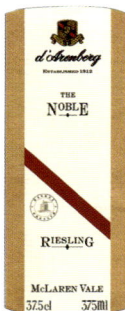

当前年份：2006年　86/100

最佳饮用时期：2007–2008

　　此酒呈琥珀色泛动人光泽，散发着糖果、奶油焦糖以及淡淡的柑桔、生梨和苹果的糖果香气。口感持久度欠缺，入口滞重、简单，缺少贵腐葡萄酒的特色。

橄榄林霞多丽（迈拉仑维尔，阿德莱德山）
The Olive Grove Chardonnay (McLaren Vale, Adelaide Hills)

当前年份：2007年　89/100

最佳饮用时期：2008–2009+

　　此酒成熟良好带有桃子的风味，散发着柠檬和内敛的奶油、香草和黄油气息的橡木味，是一支圆润、新鲜、大气的霞多丽。余味活泼、带有新鲜的果香和柔顺宜人的酸度。

A B C D E F G H I J K L M N O P Q R S T U V W X Y Z

Dalwhinnie 达尔文尼酒园

达尔文尼酒园位于干燥陆地，因酿制层次丰富、香气馥郁的西拉以及顶级的赤霞珠而获得了不错的口碑。2004年对该酒庄来说可谓一个具有标志意义的年份，该年份的赤霞珠非常出色。相比之下，2005年的酒则显得过分成熟且老化味略重。

448 Taltarni Road, Moonambel Vic 3478.

电话: (03) 5467 2388.　　　　传真: (03) 5467 2237.

网址: www.dalwhinnie.com.au　邮箱: dalwines@iinet.net.au

地区: 帕洛利(Pyrenees)　　　酿酒师: David Jones

葡萄栽培师: David Jones　　　执行总裁: David Jones

霞多丽（帕洛利）*Chardonnay (Pyrenees)*

当前年份：2004年　　93/100

最佳饮用时期：2009-2012

这是一支口感持久柔滑、略显干涩、充满矿物气息的霞多丽，散发着柑橘类水果、蜜瓜、番石榴和粗面粉的精致气息并伴有香草橡木气息以及花朵香气。口感完整，风味极佳，带有坚果味，口感大气不失含蓄，混合了酸橙、瓜类水果以及新鲜的香草橡木风味。带有酒糟味的复杂气息突出了带有棱角的、刚硬的酸度。

鹰系列西拉（帕洛利）*Eagle Series Shiraz (Pyrenees)*

当前年份：2001年　　86/100

最佳饮用时期：2003-2006

这支炎热年份的葡萄酒散发着糖果、樱桃、覆盆子和胡椒的香气，伴着麝香、辛香料和肉桂的气息以及新鲜的香草橡木味，刚入口时口感带有直接、不复杂的甘美水果香气，随后口感则变得干涩。余味单薄，单宁未成熟，烘烤水果和杏仁糖浆的香气十分持久。现在不是这款酒最耀眼的时候。

穆纳贝尔赤霞珠（帕洛利）*Moonambel Cabernet (Pyrenees)*

当前年份：2004年　97/100

最佳饮用时期：2016-2024+

　　一支出色的赤霞珠，巧妙的橡木桶陈酿提升了品种所具有的浓郁和完美的香气。单宁干涩，有骨感，呈粉末状口感。黑醋栗、红浆果、李子和桑葚的酒香交织着雪松／香草的橡木气息，并伴有深橄榄、薄荷和薄荷脑的气息。口感持久，呈颗粒状，带有干草本和雪松的气息。余味十分悦人，稳定并且具备良好的平衡度，适合长期储藏。

穆纳贝尔西拉（帕洛利）*Moonambel Shiraz (Pyrenees)*

当前年份：2005年　88/100

最佳饮用时期：2010-2013

　　此酒散发着黑洋李、黑胡椒的肉质和巧克力香气，口感轻盈，黑醋栗、覆盆子的香气与甜橡木的气息紧密地交织在一起。带沙砾般口感的单宁贯穿始终，并在余味中显得柔滑。口感后段带有老化的气息并伴有金属味，似乎是由比酒标上显示的14.3%酒精度成熟度更高的葡萄酿制而成的。

Domaine A　多明纳A

　　多明纳A是Peter Althaus旗下一个产量低、工艺精湛的葡萄酒所使用的品牌，这些葡萄酒是用煤河谷地区Stoney庄园的葡萄酿制而成。不似其他的塔斯马尼亚葡萄园，它的特色则是赤霞珠。1991年、1994年、1995年、1998年、2000年、2001年和2004年的赤霞珠都具备了波尔多等级酒庄酒所拥有的浓郁香气和良好结构。一些含蓄的黑比诺表现也十分出色，Lady A Fumé Blanc就是一支风格鲜明、活泼、酒质出色、在橡木桶中陈年的长相思。

A
B
C
D
E
F
G
H
I
J
K
L
M
N
O
P
Q
R
S
T
U
V
W
X
Y
Z

105 Tea Tree Road, Campania Tas 7026.

电话: (03) 6260 4174.　　　　　　　传真: (03) 6260 4390.

网址: www.domaine-a.com.au　　　　邮箱: althaus@domaine-a.com.au

地区: 煤河谷（Coal River Valley）　　酿酒师: Peter Althaus

葡萄栽培师: Peter Althaus　　　　　执行总裁: Peter Althaus

赤霞珠（煤河谷） *Cabernet Sauvignon (Coal River Valley)*

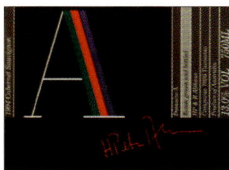

当前年份: 2001年　94/100

最佳饮用时期: 2013−2021

　　这支口感持久紧实、带雪松味的赤霞珠很有可能在窖藏过程中起初会显得更加醇厚和奔放，随后则会变得更加细腻和优雅。刚入口时带有雪松、桑葚和成熟的黑／红浆果的香气，紧随而来的则是薄荷、干草本香气和巧克力／香草橡木味。口感紧实，呈粉末状，并带有轻微的酸度、黑莓／李子的香气以及细密的橡木味交织着轻微的还原气息。余味带矿物气息。

Lady A 富美宝（煤河谷） *Lady A Fumé Blanc (Coal River Valley)*

当前年份: 2005年　93/100

最佳饮用时期: 2010−2013+

　　此酒散发着醋栗、荔枝的轻微青草香气和略带糖果气息的香草橡木味，口感持久绵密，带粘稠度。口感持久并伴有干草本、肉桂和丁香的气息。余味十分令人愉快，带有宜人的酸度和细腻的矿物质感。

黑比诺（煤河谷） *Pinot Noir (Coal River Valley)*

当前年份: 2005年　93/100

最佳饮用时期: 2010−2013+

　　这支紧实、封闭含蓄、优雅且层次丰富的年轻比诺需要时间来更好地陈年，从而使酒散发的甜樱桃、丁香和肉桂的烟熏、肉质芳香更好地提升出口感的花香和麝香气息，更好地发挥出品种特有的、深厚、丰富的香气。圆润单宁细腻脆爽，果味的持久度极佳，余味令人印象深刻。

Elderton 艾尔顿

　　艾尔顿是非常成功的布诺萨葡萄酒酿制商，长期致力酿制成熟良好、果香馥郁、柔滑且带宜人橡木味的红葡萄酒，几乎不受年份差异的影响。艾尔顿最新的一系列产品回归了其20世纪80年代醇正精致的自然风格，正是这种风格令其声名大振。艾尔顿2004年的葡萄酒是其酿制出的最佳产品之一。

3–5 Tanunda Road, Nuriootpa SA 5355.

电话: (08) 8568 7878.　　　　　　　传真: (08) 8568 7879.

网址: www.eldertonwines.com.au　　邮箱: elderton@eldertonwines.com.au

地区: 布诺萨山谷（Barossa Valley）　　酿酒师: Richard Langford

葡萄栽培师: David Young　　　　　　执行总裁: Lorraine Ashmead

赤霞珠（布诺萨山谷） *Cabernet Sauvignon (Barossa Valley)*

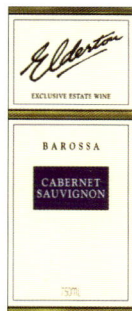

当前年份: 2002年　　91/100

最佳饮用时期: 2007–2010+

　　这支柔滑、带薄荷香气的布诺萨地区红酒散发着生动浓郁的浆果香味并伴有橡木味和宜人的酸度。浆果和李子的紫罗兰花香、甜橡木以及一丝辣椒气息伴着肉质的风味，口感柔滑、持久活泼，十分和谐。

统帅西拉 (布诺萨山谷) *Command Shiraz (Barossa Valley)*

当前年份：2004年　　95/100

最佳饮用时期：2012-2016+

这支优雅、带薄荷香气和辛辣味的布诺萨西拉散发着生动馥郁的黑莓、覆盆子、红洋李和红醋栗的甜美香气，并伴有带摩卡和椰子气息的橡木风味。花香馥郁，口感持久柔滑、单宁紧实细腻。此酒强劲有力兼具迷人的平衡度。

西拉 (布诺萨山谷) *Shiraz (Barossa Valley)*

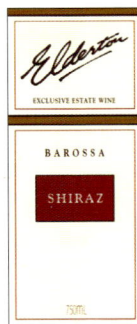

当前年份：2004年　　90/100

最佳饮用时期：2009-2012

肉味突出、成熟、口感极佳，这支柔和顺滑的西拉散发着带有覆盆子、黑莓和黑醋栗香味的花香以及带有轻微烘烤过香草气息的浓郁橡木香味，并带有丁香、肉桂和白胡椒的气息。口感圆润醇厚、多汁生动，轻微的果酱味和带酸味的果香交织着宜人的烟熏橡木气息，紧实柔和的单宁构成这款酒的框架。

Fox Creek　狐狸湾庄园

狐狸湾庄园是重要的酿制商，出产饱满成熟且优美的、经过橡木工艺处理的迈拉仑维尔红酒，而它们通常能够都不会出现因果实过熟而产生的问题。不过2006年则是十分困难的一个年份，当年这个产区的葡萄都受到了极大程度的压力。一些葡萄酒没能达到该有的水准，但是考虑到恶劣的环境，我们也能够理解和接受这一状况。钟爱这个酒厂产品的拥趸们应该继续关注它。

Malpas Road, McLaren Vale SA 5171.

电话: (08) 8556 2403.　　　　　　传真: (08) 8556 2104.

网址: www.foxcreekwines.com   邮箱: sales@foxcreekwines.com
地区: 迈拉仑维尔（McLaren Vale）   酿酒师: Chris Dix, Scott Zrna
葡萄栽培师: Nick Wiltshire   执行总裁: Jim & Helen Watts

二重唱赤霞珠梅鹿辄（迈拉仑维尔）
Duet Cabernet Merlot (McLaren Vale)

当前年份: 2005年   93/100

最佳饮用时期: 2010–2013+

　　这是一支紧实，口感偏干，但适合早期饮用的红酒。它以带有薄荷气息的形式呈现出黑莓、李子和香草橡木的芳香，并伴有肉味和醋栗香气。口感紧致带泥土气息，余味偏干，略显青涩。口感持久度良好，但是果味缺乏深度。

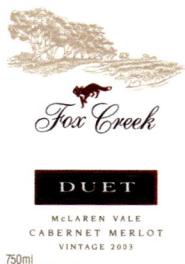

梅帕船长西拉品丽珠（迈拉仑维尔）
JSM Shiraz Cabernet Franc (McLaren Vale)

当前年份: 2006年   88/100

最佳饮用时期: 2008–2011

　　此酒成熟多汁，散发着黑莓、蓝莓、深洋李、丁香的甜美芳香并有伴有葡萄干和烘烤泥土气息的肉味。单宁紧实，带少许的金属味。口感比较饱满，余味带有轻微的老化味和果酱味。

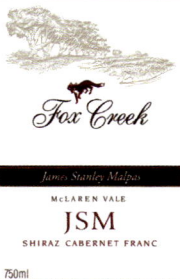

极品赤霞珠（迈拉仑维尔）
Reserve Cabernet Sauvignon (McLaren Vale)

当前年份: 2006年   87/100

最佳饮用时期: 2011–2014+

　　此酒口感紧实，带收敛感，也不乏细腻。它散发着带有烟熏、雪松气息的黑莓和李子的香气，以及伴有深橄榄和干草本的光滑的雪松／巧克力橡木味。带深色水果香气的口感略显涩口，单宁有棱角、生涩。缺少令人信服的特点，余味极佳，带有清漆和碘化物的气息。

极品梅鹿辄（迈拉仑维尔）*Reserve Merlot (McLaren Vale)*

当前年份：2005年　85/100

最佳饮用时期：2007-2010+

　　此酒带过分老化味及沙砾口感，是一支非常成熟但粗糙、缺乏吸引力的梅鹿辄，在带有甜香草/摩卡气息的橡木桶中陈酿提升了如同水果蛋糕般的葡萄干、醋栗和李子的水果香气。刚入口时有丰富的肉香，但是余味单薄、生硬。

极品西拉（迈拉仑维尔）*Reserve Shiraz (McLaren Vale)*

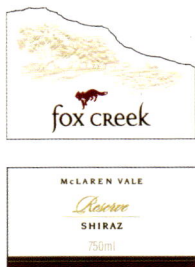

当前年份：2005年　90/100

最佳饮用时期：2010-2013+

　　饱满、成熟丰富，这支柔滑的年轻西拉带有黑醋栗、黑莓和红醋栗的辛辣醇香以及甜香草／巧克力橡木气息。口感浓郁肥厚，带有轻微的果酱气息并散发着生动的黑莓、红醋栗和李子的香味以及摩卡的橡木风味，单宁精致，如天鹅绒般柔滑。缺少醇正、细腻和光鲜感。

Giaconda　吉宫

　　吉宫是所有澳大利亚葡萄园中最重要且最具影响力的一个。该葡萄园采用了与勃艮第酒庄相同的管理方法，酿制出的葡萄酒反映出了酿酒师Rick Kinzbrunner对于细节的不懈关注以及其采用的精湛酿酒工艺。虽然吉宫的霞多丽被认为是澳大利亚最好的霞多丽，但它最近的明星产品则是强劲有力的、一流的2005年西拉酒。Kinzbrunner已经停止酿制比曲尔斯黑比诺，从而将精力放在酿制雅拉谷的葡萄酒上。

Corner Wangaratta & McClay Roads, Beechworth Vic 3747.
电话: (03) 5727 0246.　　　传真: (03) 5727 0246.
网址: www.giaconda.com.au　　邮箱: sales@giaconda.com.au

地区: 比曲尔斯 (Beechworth)　　酿酒师: Rick Kinzbrunner
葡萄栽培师: Rick Kinzbrunner　　执行总裁: Rick Kinzbrunner

风神居胡珊 (比曲尔斯) *Aeolia Roussanne (Beechworth)*

当前年份: 2006年　90/100

最佳饮用时期: 2007-2008+

　　此酒散发着带有轻微的老化和烤土司气息的大麦糖、金银花和麝香的烘烤香气。口感圆润、柔顺绵密，带有辛辣水果的烘烤甜香气以及蜂蜜和黄油的气息。余味柔和，带有绵长的玫瑰香水气息。口感持久，漂亮精致，带有一定的复杂度。但是缺少惯有的新鲜度和强度。

霞多丽(比曲尔斯) *Chardonnay (Beechworth)*

当前年份: 2005年　95/100

最佳饮用时期: 2010-2013

　　这是一支典型的具有复杂性、发展良好的霞多丽，色泽动人，散发着烟熏、矿物和熟食、火柴棒、蜜瓜和酸橙的还原酒香。口感肥厚，果香馥郁，柚子、瓜类和金橘的香气浓郁绵长，并伴着烟熏火腿和培根的气息。余味持久有紧绷感，带有酸橙汁和柠檬的酸度。

Nantua les Deux霞多丽胡珊(比曲尔斯)
Nantua les Deux Chardonnay Roussanne (Beechworth)

当前年份: 2006年　87/100

最佳饮用时期: 2007-2008+

　　此酒适合在年轻时饮用。显得华丽、老化，有着糖果般的桃子、瓜类和柠檬皮的香气，有着甜黄油香草橡木味和烟熏酒泥的复杂气息的衬托。成熟、多汁简洁，它口感粗糙，过于浓郁，带有柠檬的酸度瓜类和水果的甜美气息。余味长度适中，带有柔和的酸度。

南图葡萄园黑比诺(比曲尔斯)
Nantua Vineyard Pinot Noir (Beechworth)

当前年份：2005年　　91/100

最佳饮用时期：2010-2013

　　这支时髦、陈年良好、工艺精湛的比诺酒柔顺含蓄，甜酱果、樱桃和李子的花香交织着矿石、丛林的气息。口感柔滑，持久多汁，带轻微草本气息以及樱桃/浆果的风味，味极佳。如果草本的气息不那么持久，得分会更高。

华纳庄园西拉(比曲尔斯)　Warner Vineyard Shiraz (Beechworth)

当前年份：2005年　　96/100

最佳饮用时期：2013-2017+

　　这是一支符合这个庄园标准的西拉，散发着成熟的肉香以及炭烤橡木味，需要在酒窖中陈年。它需要很长时间，来慢慢展示出它的浓郁果味、烟熏味和熟食的气息。此时，葡萄酒是封闭的，甚至是没有特点的。但是它最终会呈现出浓郁、辛辣、完整无缺的质地以及它完美的结构和窖藏的潜力。如果过早打开此酒会闻到生硬的烟熏气息，但不要被此误导，等上一到三天就可以了。

Glaetzer　格雷策酒园

　　Ben Glaetzer是澳大利亚最繁忙、最热门的合同酿酒师，而格雷策品牌一系列的布诺萨红酒都是仰仗着他的酿酒宗旨。他酿制出的葡萄酒风格饱满大气，在葡萄能负担的范围内，运用各种酿造工艺，尽可能地最大化葡萄酒的复杂度。酒庄近几个年份的一些葡萄酒都甜中带酸并且缺少果味的强度，单宁带有金属气息，因此酒庄开始关注葡萄在采收前停留在葡萄藤上的时间。

34 Barossa Valley Way, Tanunda SA 5352.

电话: (08) 8563 0288.　　传真: (08) 8563 0218.

网址: www.glaetzer.com　邮箱: admin@glaetzer.com

地区: 布诺萨山谷（Barossa Valley）酿酒师: Colin & Ben Glaetzer
执行总裁: Colin Glaetzer

Amon-Ra西拉（布诺萨山谷）*Amon-Ra Shiraz (Barossa Valley)*

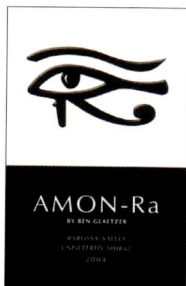

当前年份：2006年　　86/100

最佳饮用时期：2008-2011

　　这支陈化迅速不适合久藏的西拉口感丰富、带有过熟和老化的气息并散发着橡木、烟熏和梅干的香气，刚入口时口感多汁，随后则转变为醋栗和梅干的风味，甜美的果味缺少持久度。余味多汁，散发着金属气息和未成熟的气息。

Anaperenna西拉赤霞珠（布诺萨山谷）
Anaperenna Shiraz Cabernet Sauvignon (Barossa Valley)

当前年份：2006年　　87/100

最佳饮用时期：2008-2011

　　此酒带有烟熏味和肉质气息，黑醋栗、黑洋李和醋栗的气息与胡桃橡木气息和谐地交织在一起。刚入口时口感柔顺、浓郁，带有薄荷的果味，随着强烈口感的流逝，最终导致它的余味单薄，果味显得生涩并带有未成熟的气息，缺少新鲜度。

主教西拉（布诺萨山谷）　*Bishop Shiraz (Barossa Valley)*

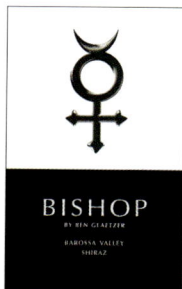

当前年份：2006年　　80/100

最佳饮用时期：2008-2011

　　此酒带有糖浆和葡萄干的气息，散发着黑莓、蓝莓和李子的果香并充满着天然的炭烤橡木味道。缺少水果的甜度，口感多汁，带有金属味，余味生涩单薄。是由过熟／未熟的葡萄酿制而成的。

瓦雷斯西拉歌海娜（布诺萨山谷）
Wallace Shiraz Grenache (Barossa Valley)

当前年份：2006年　81/100

最佳饮用时期：2008-2011

此酒带有辛辣味、轻微的糖果气息，但是缺乏强度，过分浓郁、光滑的巧克力/香草橡木气息覆盖了淡淡的黑醋栗、李子和蓝莓的香气，这支轻盈的混调红酒余味生涩不圆滑，单薄带有未成熟的气息。

Goundrey　谷瑞酒庄

谷瑞酒庄位于澳大利亚西部，是Constellation Wines Australia集团主要的葡萄酒业资产之一。该酒厂位于大南部地区的南面，靠近巴克山，因酿制复杂的特酿葡萄酒以及广受欢迎的未经橡木桶陈酿的霞多丽而闻名。该酒厂的特酿系列十分有实力，其中最受关注的则是2004年散发着烟熏味、深色水果香气和胡椒气息的特酿西拉。

Langton, Muir Highway, Mount Barker WA 6324.
电话: (08) 9892 1777. 传真: (08) 9851 1997.网址: www.goundreywines.com.au
邮箱: info@goundreywines.com.au
酿酒师: David Martin, Stephen Craig, Mick Perkins
地区: 大南部(Great Southern), 巴克山(Mount Barker)
葡萄栽培师: Cate Finlay, Rob Hayes　执行总裁: Rich Hanen

珍藏系列赤霞珠（大南部）
Reserve Cabernet Sauvignon (Great Southern)

当前年份：2004年　90/100

最佳饮用时期：2012-2016

这是一支柔滑精致、恰到好处、和谐的赤霞珠，带有深色浆果和李子的气息，口感丰富强烈，单宁柔顺细密。充满宜人的烟熏黑巧克力/雪松橡木气息，引领出醉人的、淡淡的干草本香气。余味紧实集中。

珍藏系列霞多丽（巴克山）*Reserve Chardonnay (Mount Barker)*

当前年份：2004年　90/100

最佳饮用时期：2006–2009+

此酒多汁、果味突出，工艺精湛，是一支宜人柔和的霞多丽。散发着轻微的热带水果香气以及草本气息，并伴有黄油和甜玉米的气息。口感新鲜、收敛绵密，带有桃子和油桃的风味同太妃糖的气息结合在一起，余味清爽绵长，带有柔和的酸度。陈年后酒体会更为丰富。

珍藏系列西拉（大南部地区）*Reserve Shiraz (Great Southern)*

当前年份：2005年　92/100

最佳饮用时期：2010–2013+

此酒带有肉味、辛辣味、烟熏味和野味，具有丰富的特征和复杂性。它呈现出淡淡的胡椒味和草本气息，并伴有甘草、肉豆蔻甚至鹿肉的香气。以粉末状、柔滑的单宁作为框架结构，它的口感浓郁，李子和浆果的香气十分持久。余味带有肉味和橡木的气息。

Grant Burge　伯爵

这个重要的家族经营的葡萄酒公司已经研发了一系列的葡萄酒产品，并酿制了一些限量出品的特别版葡萄酒。伯爵的酒品质如一，香气馥郁，它稳定增长的红酒系列反映出它运用了带有少许传统的澳大利亚酿造风格的工艺。葡萄酒庄坐落在布诺萨，它的酒具备了典型的饱满且浓郁特征。

Barossa Valley Way, Jacob's Creek, Tanunda SA 5352.
电话: (08) 8563 3700. 传真: (08) 8563 2807.
网址: www.grantburgewines.com.au　邮箱: admin@grantburgewines.com.au
地区: 布诺萨山谷（Barossa Valley）　酿酒师: Grant Burge
葡萄栽培师: Toby Mifflin

卡梅伦谷赤霞珠（布诺萨山谷）
Cameron Vale Cabernet Sauvignon (Barossa Valley)

当前年份：2005年　　90/100

最佳饮用时期：2013-2017

　　这支带有轻微薄荷气息的布诺萨赤霞珠丰饶成熟、活泼，平衡度良好，散发着甜美红浆果、李子、樱桃和黑醋栗的香气并伴有收敛的橡木气息，同时带着少许精致、偏干的单宁。口感饱满多汁，易饮。余味十分绵长并带有薄荷脑的气息。

米亚西拉（布诺萨山谷）Miamba Shiraz (Barossa Valley)

当前年份：2006年　　88/100

最佳饮用时期：2008-2011+

　　此酒成熟、带有薄荷香气和糖果气息，甜红／黑莓的辛辣芳香交织着雪松／香草的橡木风味并伴有薄荷脑的气息。酒体适中偏重，口感持久，成熟多汁，带有李子、樱桃和黑莓的口味，余味带有未成熟／金属的气息，单宁略显粗糙，并带有一丝咸味。

菲榭西拉（布诺萨山谷）Filsell Shiraz (Barossa Valley)

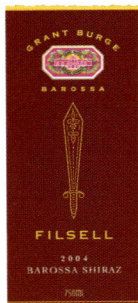

当前年份：2005年　　90/100

最佳饮用时期：2010-2013

　　这支成熟良好的丰富布诺萨西拉散发着新鲜黑莓和李子的浓郁香气并伴有带胡椒的辛香气息和巧克力／摩卡橡木味。口感持久活泼，单宁显得有些轻微的青涩棱角和金属味。余味带有咸味。

圣翠尼堤歌海娜西拉幕尔维德（布诺萨山谷）
The Holy Trinity Grenache Shiraz Mourvèdre (Barossa Valley)

当前年份：2002年　　88/100

最佳饮用时期：2007-2010

这是一支旧风格、带有甜美果香的混调红酒。它散发着花香和轻微的蔓越橘、李子的甜美果香，呈现出泥土和辛辣的芬芳，并伴有薄荷和薄荷脑的气息。口感柔顺、带有辛辣蓝莓和李子的活泼果香，单宁紧实细腻，呈粉末状口感。此酒收敛含蓄、风味可口。它刚开始进入陈年期，并且水果味开始逝去。

Grosset　格罗斯酒庄

Jeffrey Grosset无疑是澳大利亚雷司令的王者，他的波利山（Polish Hill）和春之谷（Springval）雷司令为澳大利亚该品种的葡萄酒树立了良好的榜样。他酿制的葡萄酒通常芳香馥郁、口感有紧绷感，带有钢铁气息，同时伴随着层次丰富的果味和香气。他还把来自阿德莱德山的霞多丽和黑比诺葡萄酿制成出色的葡萄酒。

King Street, Auburn SA 5451.
电话: (08) 8849 2175.　　传真: (08) 8849 2292.　　网址: www.grosset.com.au
邮箱: info@grosset.com.au　地区: 克莱尔谷（Clare Valley）
酿酒师: Jeffrey Grosset　葡萄栽培师: Jeffrey Grosset　执行总裁: Jeffrey Grosset

盖亚赤霞珠混调（克莱尔谷）Gaia Cabernet Blend (Clare Valley)

当前年份：2005年　　86/100

最佳饮用时期：2010-2013+

精致的酿酒工艺给予这支盖亚酒一定的风格和结构，但此酒成熟较快，它带有草本和绿色植物的果香已经开始失去原有的新鲜。散发着花香、泥土气息并伴有黑莓、蓝莓、干草本和精致的、奶油味十足的雪松／香草橡木气息。口感略显生硬、有棱角，带有巧克力橡木的气息以及金属味和青涩的单宁，呈现出了未成熟和过熟两种风味。

黑比诺（阿德莱德山）*Pinot Noir (Adelaide Hills)*

GROSSET

Pinot Noir

ADELAIDE HILLS

当前年份：2006年　86/100

最佳饮用时期：2008－2011

此酒果香馥郁、直接，散发着覆盆子、醋栗和蓝莓的甜美香气。动人，大气但是口感持久度欠缺，结构十分单薄，味觉消失得快。尽管摩卡/香草的橡木气息丰富了酒的层次，但还是反映出了异常炎热年份的特征。

波利山雷司令（克莱尔谷）*Polish Hill Riesling (Clare Valley)*

GROSSET

Polish Hill

CLARE VALLEY RIESLING

当前年份：2007年　96/100

最佳饮用时期：2019－2027

此酒散发着深邃的青柠汁、柠檬的香气和突出的花香，从而带领出持久多汁、紧实集中的味觉。余味带有提神的涩感和脆爽的酸度。这支酒经过得当的处理，完美地展现出它的魅力，也反映出了葡萄园在最困难年份所做出的额外努力。

春之谷雷司令（克莱尔谷）*Springvale Riesling (Clare Valley)*

GROSSET

Watervale
RIESLING

Clare Valley

当前年份：2007年　95/100

最佳饮用时期：2012－2015+

口感紧实集中，带收敛感，这支带有轻微热带水果气息、花香和柠檬气息的年轻雷司令口感多汁，芳香馥郁，带有桃子的果香和矿物气息。余味持久，带有钢铁气息，并伴有产生紧绷感的宜人酸度。

Heartland Wines 心田酒园

　　心田酒园从兰好乐溪和石灰石海岸等地区收集酿酒的葡萄。在酒庄合伙人Ben Glaetzer的指导下，该酒庄酿制了一系列有趣的葡萄酒，其中多赛托勒格瑞（Dolcetto Lagrein）因其特有的风格而得到了广泛的认可。最近上市的Director's Cut西拉显示出的过分成熟的现象令我开始担心Glaetzer发布的一些产品。

229 Greenhill Road, Dulwich SA 5065.
电话: (08) 8431 4322. 传真: (08) 8431 4355.
网址: www.heartlandwines.com.au　邮箱: admin@heartlandwines.com.au
地区: 兰好乐溪（Langhorne Creek）　石灰石海岸（Limestone Coast）
酿酒师: Ben Glaetzer　葡萄栽培师: Geoff Hardy　执行总裁: Viki Arnold

Director's Cut西拉（兰好乐溪，石灰石海岸）
Director's Cut Shiraz (Langhorne Creek, Limestone Coast)

当前年份：2006年　88/100

最佳饮用时期：2008-2011

　　这支不耐久藏的西拉散发着带有香甜、辛辣、胡椒般醇香的醋栗、深洋李、樱桃和摩卡/香草橡木的香气，口感柔滑、甘美、精致。口感带薄荷和薄荷脑的气息，橡木味突出，如丝绸般柔滑，果香绵长。余味带有碘化物和葡萄干的气息。

多赛托勒格瑞（兰好乐溪）Dolcetto Lagrein (Langhorne Creek)

当前年份：2006年　84/100

最佳饮用时期：2007-2008+

　　此酒口感干涩，呈粉末状，散发着适度的泥土、黑樱桃和李子的辛辣气息。是一支酒体中等偏单薄的混调酒，余味可口，带有黑醋栗和干草本的气息。但是缺少深度、强度和持久度。

A
B
C
D
E
F
G
H
I
J
K
L
M
N
O
P
Q
R
S
T
U
V
W
X
Y
Z

Henschke 翰斯科

翰斯科位于伊顿谷，是一家小型的标志性的澳大利亚酒厂。酒厂在伊顿谷拥有一些标志性的老藤葡萄园，并在阿德莱德山的兰斯伍德拥有一些陡峭、年代较新的种植园。酒厂近几年的红酒都是来自出色的2004年的葡萄酒，以及酒庄酿制出的最优质2002年的Henschke红葡萄酒。其中2002年的神恩山是杰里米·奥利弗评出的2008年度最佳葡萄酒。

电话: (08) 8564 8223. 传真: (08) 8564 8294.网址: www.henschke.com.au
邮箱: info@henschke.com.au 地区: 伊顿谷（Eden Valley）
酿酒师: Stephen Henschke 葡萄栽培师: Prue Henschke 执行总裁: Stephen Henschke

翰斯科Abbotts Prayer梅鹿辄赤霞珠混调（阿德莱德山）
Henschke Abbotts Prayer Merlot Cabernet Blend (Adelaide Hills)

当前年份：2004年　90/100

最佳饮用时期：2012-2016

此酒深邃，色泽浓郁，显得年轻，散发着丰富的略带果酱味的黑樱桃、李子和深橄榄的气息并伴有甜雪茄盒/巧克力橡木的气息。口感强劲，但是单宁柔滑，带有轻微的过度老化味以及草本香气，伴随着细微持久的酸味。它非常柔和，但是它的回味似乎缺少一丝新鲜和鲜明感。

西里尔翰斯科赤霞珠（伊顿谷）
Cyril Henschke Cabernet Sauvignon (Eden Valley)

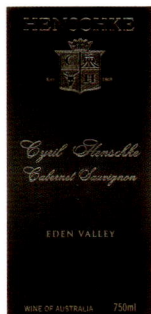

当前年份：2003年　93/100

最佳饮用时期：2015-2023

这是一支出产于困难年份的出色红酒。散发着轻微的烟熏味和雪松气息，黑醋栗、桑葚、黑洋李和雪茄盒的活泼醇香伴随着细微的紫罗兰、黑巧克力、薄荷和烘烤泥土的气息。口感柔滑丰饶，带有浓郁的果香以及轻微的老化和醋栗般的香气。余味带有宜人的新鲜度。惊人地优雅，单宁柔顺细密。

凯尼顿（伊顿谷）*Euphonium Keyneton Estate (Eden Valley)*

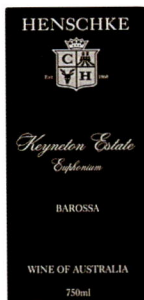

当前年份：2004年　94/100

最佳饮用时期：2016–2024

　　这款浓郁、优雅的红酒，倒入杯中后，仍需要时间慢慢让它散发出红醋栗、黑醋栗、李子和新鲜雪松/香草橡木的薄荷、紫罗兰香气，并伴有黑巧克力香气和轻微的白胡椒草本气息。口感持久柔滑，紧实活泼，带有辛辣浆果和李子的香气，单宁细密，呈粉末状。风味极佳，带有轻微的矿物气息和持久的果香。

亨利庄园西拉　歌海娜　维欧尼（布诺萨山谷，伊顿谷）
Henry's Seven Shiraz, Grenache, Viognier (Barossa, Eden Valley)

当前年份：2006年　90/100

最佳饮用时期：2007 – 2010

　　这支年轻活泼、带辛辣味、花香馥郁的混调酒有着分量恰到好处的果酱味。蓝莓、黑醋栗、深洋李和黑莓的辛辣气息与丁香、肉桂和丛林气息的雪松橡木味和谐地交织在一起。口感柔滑优雅，黑色水果的香气持久宜人，单宁如丝绸般柔滑，余味风味可口，带有一丝橡木的甜味。

神恩山西拉（伊顿谷）*Hill of Grace Shiraz (Eden Valley)*

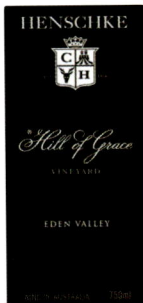

当前年份：2000年　97/100

最佳饮用时期：2022–2032+

　　这是一支几近完美的伊顿谷西拉，散发着浓郁的紫罗兰、醋栗、樱桃、桑葚和成熟李子的香气，并伴有甜雪松/香菜/椰子饴的橡木气息、胡椒、麝香的辛香以及丛林的气息。口感十分柔滑肥厚，黑莓/李子的果香带着一些原野气息。单宁细腻呈粉末状口感，余味绵长，带有果味和干草气息。是一支有着如同艺术品般的平衡与和谐的西拉。

茱莉叶斯雷司令（伊顿谷）*Julius Riesling (Eden Valley)*

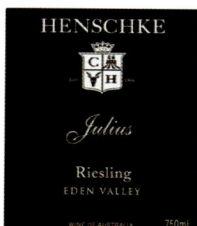

当前年份：2006年　93/100

最佳饮用时期：2011-2014+

　　这支漂亮的雷司令适合中长期的储藏，带有独特风格元素的涩感和酸度。散发着新鲜柠檬皮和酸橙汁的麝香香水味。口感持久绵长，带有宜人的柑橘香气和干的白垩质感。果味丰富且香气集中，两者与活泼的酸度形成了完美的平衡。

宝石山庄园西拉（伊顿谷）*Mount Edelstone Shiraz (Eden Valley)*

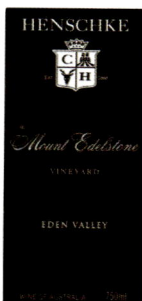

当前年份：2004年　95/100

最佳饮用时期：2016-2024

　　十分柔滑、浓郁且风格突出，这支酒体适中偏重的西拉口感香甜、甘美。它散发着黑醋栗、李子、甘草、丁香、肉桂的麝香香水味和胡椒气息，并伴有轻微的烟熏、椰油的橡木气息。带有胡椒气息的口感持久丰饶、充满着浆果风味。单宁紧实柔顺 。余味绵长带有深色水果的香气和甜橡木的气息。

Hewitson　紫蝴蝶

　　Dean Hewitson完全热衷于把来自南澳大利亚古老的小块葡萄酒园的葡萄打造成具有独特风味的葡萄酒。他酿制的葡萄酒彰显着稳定的工艺——澳大利亚葡萄酒少见的精湛工艺。Dean Hewitson的酒通常香气馥郁，结构紧实，可口，带有泥土芳香的红酒完美地融合了深厚、复杂与浓郁的果味。2006年的佳作则是充满烟熏味的Mad Hatter以及矿物气息十足的纳德亨利（Ned&Henry's）。

66 London Road, Mile End SA 5031.

电话: (08) 8443 6466. 传真: (08) 8443 6866.

网址: www.hewitson.com.au　邮箱: dean@hewitson.com.au

地区：布诺萨山谷（Barossa Valley），弗乐茹半岛（Fleurieu Peninsula）
酿酒师：Dean Hewitson 执行总裁：Dean Hewitson

锐枪雷司令（伊顿谷）*Gun Metal Riesling (Eden Valley)*

HEWITSON

750ML AUSTRALIAN WINE

当前年份：2007年　86/100

最佳饮用时期：2008-2009

这是一支大气、带有糖果气息的陈化的雷司令。煮熟苹果和柠檬的干燥气息单薄空洞，余味平淡，有干酪和盐味。

哈利小姐歌海娜西拉幕尔维德（布诺萨山谷）
Miss Harry Grenache Shiraz Mourvèdre (Barossa Valley)

HEWITSON
Miss Harry
2006
DRY GROWN & ANCIENT
BAROSSA VALLEY
750ML AUSTRALIAN WINE

当前年份：2006年　92/100

最佳饮用时期：2008-2011+

这支酒体适中偏重、令人愉快的红酒值得我们的关注。该酒散发着花香、辛辣味以及肉味，并伴有香甜的覆盆子、樱桃、李子和轻微的葡萄干的果香以及一丝野味气息。口感柔滑精致，持久呈粉末状。多汁的果味夹杂着内敛的橡木气息，单宁柔顺细密。余味可口，带有持久的辛辣气息。

纳德亨利西拉（布诺萨山谷）*Ned & Henry's Shiraz (Barossa Valley)*

HEWITSON
Ned & Henry's
2006
SHIRAZ
BAROSSA VALLEY
750ML AUSTRALIAN WINE

当前年份：2006年　89/100

最佳饮用时期：2011-2014+

这是一支结构良好的、醇正的西拉酒，完美地将浓香的地域风味和成熟的果味，与紧实、柔顺的结构融合在了一起。散发着紫罗兰、白胡椒的香气以及带有一丝肉味的黑醋栗、覆盆子和黑洋李气息。口感持久多汁，带有柔滑的香草橡木味以及李子、小浆果的气息。余味带有轻微的肉味和煮熟的气息，同时带有一丝矿物和黑橄榄的香气。

古老花园幕尔维德（布诺萨山谷）
Old Garden Mourvèdre (Barossa Valley)

HEWITSON
Old Garden
2006
MOURVÈDRE
BAROSSA VALLEY
750ML AUSTRALIAN WINE

当前年份：2006年　90/100

最佳饮用时期：2008-2011+

　　这支花香馥郁、丰富、风味极佳的幕尔维德陈年良好，立即就可饮用。散发着黑醋栗、黑莓、李子和甘草的轻微糖果气息，并伴有麝香、优质皮革和烘烤泥土的气息。口感活泼柔和，带有收敛的烟熏香草橡木气息，余味持久圆滑，带有深色水果的气息。

狂热怀特西拉（迈拉仑维尔）
The Mad Hatter Shiraz (McLaren Vale)

HEWITSON
The Mad Hatter
2006
SHIRAZ
McLAREN VALE
750ML AUSTRALIAN WINE

当前年份：2006年　89/100

最佳饮用时期：2008-2011+

　　非常成熟带有烟熏味和深色水果的气息，这支柔滑、香气馥郁的西拉散发着李子、浆果、黑巧克力和摩卡的香气，并伴着略带烘烤味、甜美的香草橡木气息。它口感持久、多汁，带有细腻柔滑的单宁，不过余味带有轻微的老化味和醋栗的气息，夹杂一丝绿色植物的香气。

Hollick　赫立克庄园

　　在为此书所做的品酒中，品尝赫立克近几个年份的红酒是我最难忘的经历之一，其中的每一款都显示出了酒庄在之前年份葡萄酒的基础上有着显著的改进。赫立克拥有着库拉瓦拉最优质的红土，这也是为什么邻近酒庄生产的酒总比它生产的葡萄酒缺少精致度和集中度的秘密所在。在此，我也不需要再多说什么，因为酒庄今后酿制出的葡萄酒会证实这一点。

Corner Ravenswood Lane & Riddoch Highway, Coonawarra SA 5263.
电话: (08) 8737 2318. 传真: (08) 8737 2952. 网址: www.hollick.com
邮箱: admin@hollick.com　　地区: 库拉瓦拉（Coonawarra）
酿酒师: Ian Hollick, Matt Caldersmith 葡萄栽培师: Ian Hollick 执行总裁: Ian Hollick

喜鹊树珍藏赤霞珠（库拉瓦拉）
Ravenswood Cabernet Sauvignon (Coonawarra)

当前年份：2002年　　88/100

最佳饮用时期：2007-2010

此酒浓郁，陈年良好，是一支旧风格、带有草本香气的葡萄酒。散发着小浆果、李子和雪松/香草橡木的橡木气息。口感甘甜、持久，带有黑莓和黑醋栗的多汁风味并伴有甜美新橡木的气息，余味带有突出的未成熟的气息。

珍藏霞多丽（库拉瓦拉）*Reserve Chardonnay (Coonawarra)*

当前年份：2005年　　88/100

最佳饮用时期：2007-2010

此酒生动，略显生硬，是一支浓郁的年轻葡萄酒，散发着柑橘、瓜类和香蕉的气息并伴有轻微的香草橡木气息。口感多汁浓郁，带有奶油和黄油的气息，余味带紧绷感、柠檬和矿物气息。酒中稍微有些另类气息，但是它更偏向简单、干净和清新的风格。

西拉赤霞珠（库拉瓦拉）*Shiraz Cabernet Sauvignon (Coonawarra)*

当前年份：2004年　　86/100

最佳饮用时期：2006-2009

此酒带有宜人的甘美，多汁，散发着黑莓、红浆果、李子的香气和烟灰缸/硬板纸的橡木味。细腻优雅，酒体适中偏重，单宁细腻紧实。不寻常的橡木桶陈酿工艺使得口感所带有的活跃的浆果香气以及细微的可口、草本气息变得十分平淡。

Howard Park 豪园酒庄

豪园酒庄位于玛格丽特河地区，但是它还会从它的故乡大南部地区采集葡萄。带草味且果味不足的2005年份红酒是值得关注的产品，特别是在Leston和Scotsdale两家葡萄园在困难季节表现更为出色的情况下。 如今豪园酒庄的主要产品则是其酸度极高、来自大南部地区的雷司令。

Lot 377, Scotsdale Road, Denmark WA 6333.
电话: (08) 9848 2345. 传真: (08) 9848 2064.
Miamup Road, Cowaramup, WA, 6284 电话: (08) 9756 5200. 传真: (08) 9756 5222.
网址: www.howardparkwines.com.au 邮箱:hpw@hpw.com.au.
地区: 大南部地区（Great Southern） 玛格丽特河(Margaret River)
酿酒师: Tony Davis, Andy Browing, Genevieve Stols
葡萄栽培师: David Botting 执行总裁: Jeff Burch

赤霞珠梅鹿辙（大南部地区，玛格丽特河）
Cabernet Sauvignon Merlot (Great Southern, Margaret River)

当前年份：2002年 88/100

最佳饮用时期：2007-2010+

散发着黑醋栗和李子的甜香、伴有轻微的雪松橡木和明显的绿豆荚的气息。口感持久、细密紧实，但是酸度突出。单宁多汁、紧致，有些金属味。口感有着活泼宜人的黑醋栗和李子的香气，但伴有轻微的绿色植物和本草本的气息。

礼士顿庄西拉（玛格丽特河）*Leston Shiraz (Margaret River)*

当前年份：2005年 87/100

最佳饮用时期：2010-2013

忠于原始风格、香气馥郁、略带深色的西拉，带有红浆果、李子、黑莓、西红柿及轻微药物味、类似薄荷脑的甜香气， 酸度突出。平滑，果香丰富，带有一些辛辣气息，单宁活泼精致。此酒稍缺少和谐度和特色。

诗歌庄赤霞珠（大南部地区）
Scotsdale Cabernet Sauvignon (Great Southern)

当前年份：2005年　84/100

最佳饮用时期：2010-2013

　　单调乏味，带薄荷的香气，红浆果、李子和黑醋栗的香气持久，伴着一丝雪松和草本气息。带薄荷脑和碘化物风味的口感持久，但是缺少明亮度和集中感。

Irvine Wines 赫威

　　James Irvine因其酿制的强劲、橡木桶陈年的梅鹿辄（Grant Merlot）在国际上享有不小的声誉。备受瞩目的2004年梅鹿辄比该酒厂1994年以来的任何一款酒都显得更加优雅且平衡度更好。此外，这支采用传统澳大利亚工艺酿制而成的梅鹿辄还在国际上收获了不少的主要奖项。James Irvine最近引入了The Baroness，它是一支以梅鹿辄品种为主的葡萄酒，The Baroness最开始的两次发行都加入了赤霞珠和品丽珠进行混调。

Roeslers Road, Eden Valley SA 5235.
电话: (08) 8564 1046. 传真: (08) 8546 1314.网址 www.irvinewines.com.au
邮箱: merlotbiz@irvinewines.com.au 地区: 伊顿谷（Eden Valley）
酿酒师: James & Joanne Irvine 葡萄栽培师: James Irvine 执行总裁: James Irvine

梅鹿辄（伊顿谷）*Grand Merlot (Eden Valley)*

当前年份：2004年　92/100

最佳饮用时期：2012-2016

　　此酒散发着桑葚、樱桃、甜香草/雪松橡木的新鲜果香以及草丛的气息，口感柔滑细密，优雅且具有复杂性。比之前酿制的酒带有更多的水果气息，口感持久，带有黑樱桃、红醋栗和李子的活泼气息与粉末状的单宁紧密交织在一起。余味绵长，带有果味、新鲜的酸度和草本气息。

Jacob's Creek 杰卡斯

　　杰卡斯是保乐力加集团旗下非常有实力的一个澳洲品牌。你可以购买到杰卡斯出产的各种等级产品，从入门级别的葡萄品种系列，到珍藏系列以及高级收藏系列中的雨果（St Hugo）赤霞珠，百岁山西拉和Johann西拉赤霞珠。无论你花费多少钱，都能从你购买的酒中发现杰卡斯始终如一地对酒的风格、细腻度和持久性的展现。珍藏系列是杰卡斯葡萄酒物超所值的体现。

Barossa Valley Way, Rowland Flat SA 5352.

电话: (08) 8521 3111. 传真: (08) 8521 3100.网址 www.jacobscreek.com.au

地区:南澳大利亚 （Southern Australia） 执行总裁:Jean-Christophe Coutures

酿酒师: Philip Laffer, Bernard Hickin, Susan Mickan 葡萄栽培师: Joy Dick

Centenary Hill 西拉（布诺萨山谷）
Centenary Hill Shiraz (Barossa Valley)

当前年份：2002年　　97/100

最佳饮用时期：2022-2032

　　这是一支真正的、非同反响的布诺萨山谷西拉。这支酒极限化地展示出精密融合的活跃水果、完美橡木和精致、骨感单宁。有着犹如紫罗兰花般的香气，沁人心脾的黑醋栗、李子和覆盆子的果香，这款酒还散发出极其浓郁的由橡木桶带来的核桃和雪松的气息。精致、优雅、长久，它给予品尝者经典的布诺萨山谷出产的葡萄酒浓郁，辛香的特质——带着丁香、桂皮、白胡椒，同时高度体现出纯然的，如同樱桃利口酒的核心口感。此酒回味无穷，经典的浓郁，平衡和和谐。

霞多丽 （南澳大利亚）Chardonnay (Southern Australia)

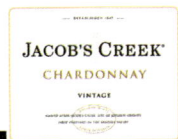

当前年份：2007年　　88/100

最佳饮用时期：2008-2009+

　　让人感觉到惊奇的优雅和风情，这款酒表现出大方、柔和、多汁的桃子和油桃的特点。同时，十分收敛，带有奶油香草的橡木气息。体现出酒体的整体感和完美。此酒的回味包含着长久的果香和清新的果酸，绝对物有所值。

约翰西拉赤霞珠 （南澳大利亚）
Johann Shiraz Cabernet (Southern Australia)

当前年份：2001年　95/100

最佳饮用时期：2013-2021+

　　相当浓郁，这款奢华、层次丰富、酒体厚实的葡萄酒集浓郁与优雅于一身。它那薄荷般的香气之中带有黑莓、覆盆子、黑醋栗、黑巧克力和香草的香气。同时，又带有丁香和桂皮的辛辣香气风味。有着极度丰富的、紧实却又柔顺的单宁，它完美、长久的口感由层次分明的黑色李子、浆果、薄荷等风味勾画，最终以持续的辛辣回味结束。

梅鹿辄 （南澳大利亚） *Merlot (Southern Australia)*

当前年份：2007年　85/100

最佳饮用时期：2008-2009+

　　表现出纯真的、带有肉类风味的梅鹿辄有着李子、浆果、加仑和洋李子干的口感。而这些水果味更好像是被烧煮过的、而非是坚韧有力的。有着新鲜香草气息的橡木则更为这些水果味增添了一丝甜意。总体来说，它缺乏新鲜度，口感稍显干。

珍藏赤霞珠 （南澳大利亚）
Reserve Cabernet Sauvignon (Southern Australia)

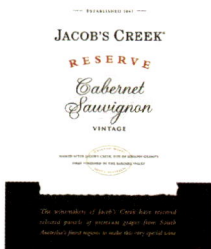

当前年份：2004年　90/100

最佳饮用时期：2012-2016

　　这是一款优雅、精致并且柔顺的赤霞珠葡萄酒。它那新鲜多汁、活跃的黑醋栗、李子、黑色浆果和樱桃风味与带着香草气息的香甜橡木口感紧密地交织在一起。它平稳持续的果香，在紧密地单宁框架下，带来柔顺、精致、优雅的口感的同时，也留下了犹如紫罗兰花，黑色水果和风干香料的回味。

珍藏霞多丽（南澳大利亚）
Reserve Chardonnay (Southern Australia)

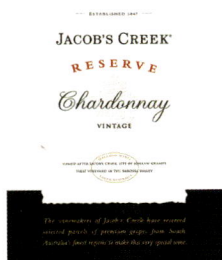

当前年份：2006年　91/100

最佳饮用时期：2008-2011+

这是一件非常聪明的作品，尤其是同它的售价联系在一起的时候。这款多汁、平和、精心调制地霞多丽呈现出香甜的瓜果、柠檬、柚子和桃子的口味。同时，细微的香草、腰果和略带烟熏和肉香的香气，更是增加了葡萄酒的复杂度。它持久、不间断地回味以长久的水果香气为核心，带着沁人心脾的矿物质感。

珍藏西拉 （南澳大利亚）Reserve Shiraz (Southern Australia)

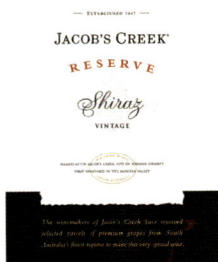

当前年份：2005年　90/100

最佳饮用时期：2010-2013+

带着辛辣、泥土芬香的黑李子、红樱桃、巧克力/香草橡木的浓郁香气，在丁香、肉豆蔻和黑醋栗风味的配合下，引领着优雅、多汁的口感。黑莓、李子等荆棘类水果的香气与如同摩卡咖啡橡木风味和颗粒状的、构架比较舒散的光滑的单宁，交织出长久并且如同奶一般柔滑的口感。薄荷香气和酸酸的水果口味则是组成可口回味的重要成分。

雷司令 （南澳大利亚）Riesling (Southern Australia)

当前年份：2007年　88/100

最佳饮用时期：2009 - 2012

类似糖果般的香甜，多汁，带着柠檬和青柠的酸甜口感，微妙的苹果、梨和白桃的风味更是这款酒的风格。这款雷司令大方而圆润，果香持久并且口感比较饱满。回味清新爽快。

西拉赤霞珠（来自不同产区）*Shiraz Cabernet (Various)*

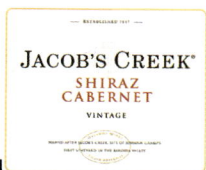

当前年份：2006年　82/100

最佳饮用时期：2007-2008+

　　带着陈年的气息和甜美的果酱口味，这款葡萄酒有着被轻微煮过的李子和浆果的水果味。此外，更有来自橡木桶细微的香甜雪松和香草的风味，以及精致的单宁为水果味提供支持。尽管余味比较单薄、简短，但是却有着清新果酸的点拨。

雨果赤霞珠（库拉瓦拉）*St Hugo Cabernet Sauvignon (Coonawarra)*

当前年份：2003年　92/100

最佳饮用时期：2015-2023

　　略带着薄荷的清香，这是一款口感比较丰富的赤霞珠。如同紫罗兰花香和醋栗的香气引领着藏在深处的来自橡木的香草、巧克力和雪松的芬芳。丰富的黑莓、桑葚和李子的果香渗透在持久、干而单宁浓郁的口味之中。余味由愉悦的果酸和带有矿物质的口感组合而成。

Jim Barry　金百利

　　Jim Barry是被众人认可的、传统的克莱尔谷红酒酿造家族。他们最近在位于库拉瓦拉南部的前Penola板球场建立了一个新的葡萄酒园。他们近些年的红葡萄酒朝着追求葡萄成熟度的方向发展，与此同时，也是对每个年份的特征真实写照。Armagh，作为金百利酒庄的旗舰酒，是成熟度较高的澳大利亚西拉的典型代表。同时，他们相对较为经济的McRae Wood西拉的质量也是非常稳定的。

Craigs Hill Road (off Main North Road), Clare SA 5453.
电话: (08) 8842 2261. 传真: (08) 8842 3752.
网址: www.jimbarry.com　邮箱: jbwines@jimbarry.com
地区: 克莱尔谷（Clare Valley）酿酒师: Mark Barry
葡萄栽培师: John Barry　执行总裁: Peter Barry

古风西拉（克莱尔谷）The Armagh Shiraz (Clare Valley)

当前年份：2005年　91/100

最佳饮用时期：2013-2017

这是一款问心无愧、成熟的并且丰富、浓缩的西拉。可能会缺乏细腻感，但却通过它略带钵酒特征的口感和深色水果以及薄荷清香来表达出葡萄酒园的地域特征。葡萄酒有着李子、黑樱桃和黑莓的香气。同时，能发现隐藏在水果香之后的深厚的丁香、桂皮、可可、摩卡、炭末和碘以及略带辛辣的野味的香气。精致、颗粒状的单宁构成了这款酒完美的框架。持续长久的烟熏和可口的余味，让人觉得意犹未尽。

庐舍山庄西拉（克莱尔谷）The Lodge Hill Shiraz (Clare Valley)

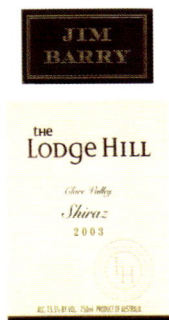

当前年份：2005年　89/100

最佳饮用时期：2010 - 2013

酒中散发出如同野生丛林里黑莓、黑醋栗和黑李子让人觉得欢乐、清新。摩卡、椰子般的橡木口感，引领出丁香、桂皮和薄荷巧克力的风味，给略显果酱口感的酒体提供依托。酒体适中偏饱满，口感柔顺、光滑并且丰满。精致、滑润的单宁使得入口后带来非常舒畅的感觉。

马克瑞西拉 （克莱尔谷）The McRae Wood Shiraz (Clare Valley)

当前年份：2005年　91/100

最佳饮用时期：2013 - 2017

这款酒选用的葡萄成熟度极高。葡萄酒通过保留葡萄中足够的香甜气息，从而延续这款酒光鲜的特质。柔顺、甜中带酸的口感暗示着这款西拉的细腻感和光滑度。在柔顺、精致的单宁的衬托下，多汁的黑莓、黑李子的水果口味和丝滑巧克力、雪松的橡木风味引领着缓缓散发出的烟熏、肉类、薄荷油、摩卡咖啡和蜜糖的味道。

John Duval 约翰杜瓦尔

前奔富酒园的首席酿酒师John Duval在离开澳大利亚最大的酒厂之后，曾经浪费了少许的时间。如今，他作为一名澳大利亚酿酒师，参与国际性的展示项目。同David Fatches一起工作，打造Songlines和Bylines品牌。与此同时，他也发展由自己名字命名的葡萄酒品牌。他选用的葡萄来自于位于布诺萨山谷的陈年的葡萄园中。2006年的酒都映射出经过烘焙过的水果的风味。

电话: (08) 8563 2591. 传真: (08) 8563 0372.
网址: www.johnduvalwines.com 邮箱: john@johnduvalwines.com
地区: 布诺萨山谷 (Barossa Valley)酿酒师: John Duval
葡萄栽培师: John Duval 执行总裁: John Duval

恩蒂西拉 （布诺萨山谷）Entity Shiraz (Barossa Valley)

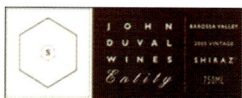

当前年份: 2006年　88/100

最佳饮用时期: 2008 - 2011

　　烟熏、摩卡咖啡和黑巧克力般的橡木风味衬托着略显辛辣、经过烘焙的李子和浆果的风味。柔顺、丝滑并且精致的单宁构成了这款酒的骨架。这款酒有着较为持续的、成熟且香甜的水果口味。回味略显短促。

锦簇西拉 歌海娜 幕尔维德（布诺萨山谷）
Plexus Shiraz Grenache Mourvèdre (Barossa Valley)

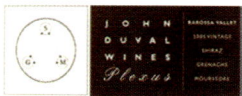

当前年份: 2006年　88/100

最佳饮用时期: 2008 - 2011

　　香甜的橡木、明显的黑李子和浆果的香气中夹带着轻微的烟熏、栗子、泥土和肉类的气息。具有一定的紧实度，这款酒是精致的、细心栽培过的红葡萄酒。可惜的是，口感稍稍带有烧煮过的痕迹，缺少了水果的多汁口感和醇正的质地。即使烧煮的迹象不是很严重，但是合意的辛辣口味和精致、紧实的单宁组成的余味还是显得单薄。

A B C D E F G H I J K L M N O P Q R S T U V W X Y Z

Kilikanoon 凯利

凯利坐落于克莱尔谷，造就出一系列不错的葡萄酒。其中包含对一批经过精心挑选的单一葡萄园的酒重新组合而成的出品。可以是地域的结合，又可以是不同葡萄品种的重新组合。他们出产的红葡萄酒更趋向于强劲、有力，比较成熟的风格，而他们的雷司令则是有着经典的优雅风格。

电话: (08) 8843 4377.　　传真: (08) 8843 4377.
网址: www.kilikanoon.com.au　邮箱: admin@kilikanoon.com.au
地区: 克莱尔谷 (Clare Valley)　酿酒师: Kevin Mitchell
葡萄栽培师：Kevin Mitchell　执行总裁: Kevin Mitchell

石路赤霞珠（克莱尔谷）
Blocks Road Cabernet Sauvignon (Clare Valley)

当前年份：2004年　93/100

最佳饮用时期：2016-2024

这是一款优雅、平衡、经过精心调制的赤霞珠。它有着成熟、多汁的黑莓、黑醋栗、桑葚、黑李子和蓝莓的水果口味。同时，带着雪松香气的橡木和轻微的薄荷、干香料、泥土清香和肉类风味。精致、细巧的单宁让酒的回味长久，略干但同时也可口。这款酒有着令人满意的框架和着重点。

圣约西拉 （克莱尔谷）Covenant Shiraz (Clare Valley)

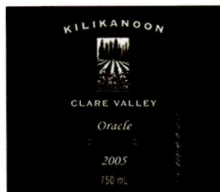

当前年份：2004年　88/100

最佳饮用时期：2009-2012

浓郁的肉香和皮草香气，让这款酒略显粗犷。它的水果口味有持续性，而不是简单的香甜，主要以黑色和红色浆果为主。而少许的薄荷和胡椒的味道结合着香甜的橡木风味给酒中的水果口味加以衬托。它的余味是较为长久的水果味，带着类似些微的金属的、生硬的单宁，并且比较干。它似乎有点虚弱，缺乏精致感。

神谕西拉（克莱尔谷）*Oracle Shiraz (Clare Valley)*

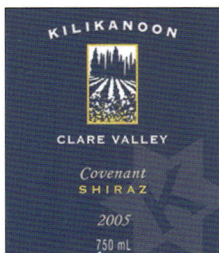

当前年份：2005年　94/100

最佳饮用时期：2013–2017

　　这是色泽很深，非常浓郁的西拉，有着极度的成熟和强烈的橡木口感。扑鼻而来的香甜黑莓、栗子、加仑的水果香味和橡木带来的烟熏、雪松和香草的风味结合在一起。而茴香和矿物质的风味则起到点缀效果。这是一款酒精度偏高，却又多汁、略带水果口味的葡萄酒。而成熟紧实的单宁更是能和水果口味和谐地结合在一起。回味中，飘散着长久不散的水果和少许薄荷脑的香气。

Knappstein 纳普斯坦

　　纳普斯坦是隶属于Lion Nathan葡萄酒集团的一个成熟的葡萄酒园。它有着非常优秀的、来自克莱尔谷的葡萄来源。但是近几年来，酒园在充分挖掘其葡萄酒潜在品质方面遇到了困难。虽然季节也是其中的一个方面，但是我承认我们对它抱有较高的期待。据我所知，大多数的问题仍然存在于葡萄园本身。

2 Pioneer Avenue, Clare SA 5453.

电话: (08) 8842 2600.　　　　传真: (08) 8842 3831.

网址: www.knappsteinwines.com.au　邮箱: knappsteinwines@knappstein.com.au

地区: 克莱尔谷 (Clare Valley)　　酿酒师: Paul T. Smith

葡萄栽培者: Kate Strachan　　　执行总裁: Anthony Roberts

赤霞珠梅鹿辄（克莱尔谷）*Cabernet Merlot (Clare Valley)*

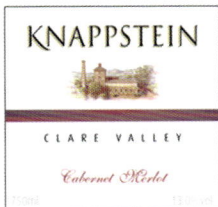

当前年份：2005年　81/100

最佳饮用时期：2007–2010

　　此酒仍显生涩，散发着烤黑莓和烤红浆果的薄荷香气，雪松/香草的橡木味和类似薄荷脑的气息。单宁柔软浓郁。口感持久，但是略显单调、生涩。余味有棱角，缺少新鲜度。

手工采摘雷司令（克莱尔谷）*Hand Picked Riesling (Clare Valley)*

当前年份：2007年　87/100

最佳饮用时期：2009-2012+

略显单调，带烘烤味，散发着浓郁的酸橙汁、柠檬皮以及矿物的甜味和柑橘香气。酸橙和柠檬风味带来果香持久的强烈口感，余味绵长、坚实，但缺少足够的新鲜度和明亮度，因此分数不高。

Kreglinger 克玲歌

克玲歌是一家比利时大型化学品及制药贸易公司的名字。它的葡萄酒产区包括布鲁克（Piper's Brook）葡萄园、南澳大利亚Mount Benson的第九岛（Ninth Island）和Norfolk Rise。Andrew Pirie在掌管布鲁克时期酿制的Pirie起泡酒的风格被传承下来。

1216 Pipers Brook Road, Pipers Brook Tas 7254.
电话: (03) 6382 7527. 传真: (03) 6382 7226.
网址: www.pipersbrook.com　邮箱: enquiries@pipersbrook.com
地区: 笛手河（Pipers River）酿酒师: Rene Bezemer
葡萄栽培师: Bruce McCormack 执行总裁: Paul de Moor

年份Brut （笛手河）*Vintage Brut (Pipers River)*

当前年份：2000年　93/100

最佳饮用时期：2008-2011

一款柔滑、绵密具有复杂度的起泡酒，带有花香，柑橘、金合欢、奶油和烤坚果的烘烤酒香。细腻、脆爽。口感逐渐丰富，展现出了复杂风味的迷人之处和进化过程，十分优雅漂亮。

Lake's Folly 福林湖庄园

福林湖庄园是一家位于猎人谷的标志性的小型酒厂和葡萄园。在以

Rodney Kempe为首的团队的努力下，酒庄出产的酒都拥有着显著的一致性和高质量，毫无疑问，这也是它的拥趸们对其青睐有加的最大原因。酒厂生产的丝绸般柔软、细腻和平衡性极佳的霞多丽是澳大利亚出产的最杰出的产品之一。而赤霞珠混调则具备了猎人谷地区产品所特有的特征——优雅性以及在瓶中发展复杂性的能力。

Broke Road, Pokolbin NSW 2320.

电话: (02) 4998 7507. 传真: (02) 4998 7322.网址: www.lakesfolly.com.au

邮箱: wine@lakesfolly.com.au 地区:下猎人谷 （Lower Hunter Valley）

酿酒师: Rodney Kempe 葡萄栽培师: Jason Locke 执行总裁: Peter Fogarty

福林湖庄园赤霞珠混调酒（下猎人谷）
Lake's Folly Cabernet blend (Lower Hunter Valley)

当前年份：2002年　95/100

最佳饮用时期：2014–2022

　　继卓越的2001年产品发布后，福林湖又发布了一款非常精致的成功作品。混合了四种红酒品种，散发着以小维尔多精致香气为主的辛辣紫罗兰香气、雪松、黑醋栗和迷迭香的香气，伴有黑莓和黑洋李的气息。十分细腻柔顺，口感持久，风格独特。充满纯净浆果风味的口感与雪松/香草橡木味和细密、如丝绸般柔滑的单宁紧密地融为一体。余味带泥土味和干草本味。

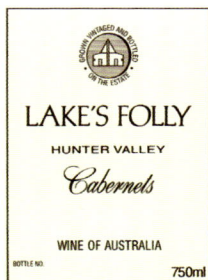

Leasingham 丽星酒庄

　　丽星酒庄是有着一定历史的葡萄酒酒厂和品牌。如今，它属于Constellation酒业集团澳洲分部旗下的一部分。他们的葡萄酒向来遵从于他们产区的传统。其中包含着成熟、浓郁而略带生硬的雷司令，以及辛辣与泥土清香的西拉和令人惊讶得能保持长久的由赤霞珠和马尔白克混合的酒。

7 Dominic Street, Clare SA 5453. 电话: (08) 8842 2555. 传真: (08) 8842 3293.

网址: www.leasingham-wines.com.au 邮箱: cellardoor@leasingham-wines.com.au

地区: 克莱尔谷 (Clare Valley)酿酒师: Simon Cole, Simon Osicka, Stephen Hall
葡萄栽培师: Marcus Woods 执行总裁: John Grant

窖藏7号雷司令（克莱尔谷） Bin 7 Riesling (Clare Valley)

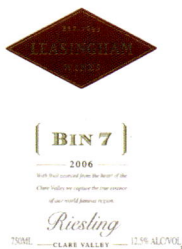

当前年份：2006年　90/100

最佳饮用时期：2011-2014+

这是口味丰富，细腻的雷司令，口感持久、有特点并且非常干。有着直接的金银花、青柠、矿物质和烤土司的香气，伴随着柑橘类水果的风味凸现出干净、紧凑有特点的口感。这款酒口感清新、平衡。

窖藏56号赤霞珠马尔白克（克莱尔谷）
Bin 56 Cabernet Malbec(Clare Valley)

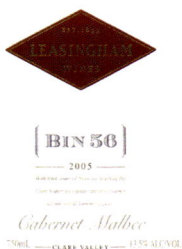

当前年份：2005年　90/100

最佳饮用时期：2013-2017

这款酒颗粒状的单宁是顶级的，如同坚硬的骨架。这款厚重、强劲并且有着丛林气息的西拉表现出带有薄荷香气的水果口味——黑醋栗、黑樱桃和黑李子，而与有着雪松味的橡木风味结合，引领出隐藏在深处的丁香和桂皮的复杂香气。它持久、完整并且带有年轻葡萄酒的青涩。窖藏之后，会变得更加有吸引力。

窖藏61号西拉（克莱尔谷） Bin 61 Shiraz (Clare Valley)

当前年份：2005年　90/100

最佳饮用时期：2013-2017

对于一个困难的年份来说，这是一瓶优秀的作品。层次分明，有深度的薄荷、黑醋栗、桑葚和黑李子味，和谐地与橡木风味交织在一起。而它紧实、甚至有些干生硬的口感会随着时间的推移而柔化。泥土香气和可口的口感主导着葡萄酒的回味，同时夹杂着少许的紫罗兰花香、麝香和薄荷香。它持久，丰富并且清澈。

A B C D E F G H I J K L M N O P Q R S T U V W X Y Z

经典克莱尔赤霞珠（克莱尔谷）
Classic Clare Cabernet Sauvignon (Clare Valley)

当前年份：2003年　89/100

最佳饮用时期：2015-2023

　　它是深色、成熟，传统而严谨的赤霞珠。轻盈的略带肉香的水果芳香（黑醋栗和黑李子）、紫罗兰花香覆盖在较为厚重的带着雪松香的橡木香气之上。酒整体来说非常内敛。它有着深层的黑色和红色的浆果和黑巧克力、雪松的风味，而紧实的单宁则是它的框架。持久的肉香和水果果酱风味勾画出长久地回味，齿颊留香。

经典克莱尔西拉 （克莱尔谷）*Classic Clare Shiraz (Clare Valley)*

当前年份：2002年　93/100

最佳饮用时期：2010-2014+

　　这是一款强大的、橡木非常浓烈的西拉。扑鼻而来的是浓烈的黑醋栗、覆盆子香气和出乎意料的辛辣。而一些泥土和肉类的芬芳则隐藏在这猛烈的香气之后。入口后，同样带来类似的口感，但是同时也有着明显的、浓烈的橡木风味。除此之外，这瓶西拉更是表现出它奢华的酿造过程和柔顺的口感。有着明显的、多汁的深色水果，带着胡椒的香气。酒在颗粒精致的单宁组成的框架结构衬托下，尽显丝滑般的口感。

经典克莱尔起泡西拉（克莱尔谷）
Classic Clare Sparkling Shiraz (Clare Valley)

当前年份：1997年　93/100

最佳饮用时期：2005-2009+

　　奢华的酿造工艺缔造出它柔顺、融合的口感。而浓郁、如同糖果般香甜的黑莓、李子和略带肉香、丁香、桂皮、鞋油和旧家具的口味让人察觉出它的狂野。少许的黑巧克力的风味让人体会到它的大方和温和，同时展示着它精致的气泡和持久的黑莓和甘草的气息。

玛歌系列雷司令 （克莱尔谷） *Magnus Riesling (Clare Valley)*

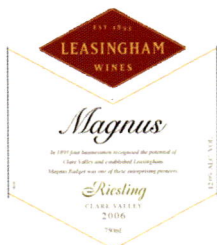

当前年份：2006年　92/100

最佳饮用时期：2011–2014+

　　这款年轻的雷司令有着青柠和花香般的香味。它口味丰富，风格独特，带着柑橘、橙子的酸味和矿物质感，时不时有着细微的烤吐司的香气。矿物质口感和清新的柠檬酸味勾画出葡萄酒的线条，突出了它持久和具有穿透力的口感。而适量的蜜糖气息更是起到画龙点睛的效果。

Leeuwin Estate　露纹酒庄

　　露纹酒庄是玛格丽特河地区历史悠久的一家顶级酒庄。它最知名的产品应该是其标志性的艺术系列霞多丽。这个具有典范作用的系列自从1980年诞生以来每年的表现都可圈可点。我想不出世界上还有另一种餐酒能够在持续的卓越质量方面与之匹敌。2005年份的酒是一支令人印象深刻的酒，唯一不足的是它的余味中酒精味和甜味稍显突出。2007年未经橡木桶陈酿的白葡萄酒十分活泼新鲜，而2006年的西拉充满着草本气息。

Stevens Road, Witchcliffe WA 6285. 电话: (08) 9759 0000. 传真: (08) 9750 0001.
网址: www.leeuwinestate.com.au　邮箱: info@leeuwinestate.com.au
地区: 玛格丽特河（Margaret River）酿酒师: Paul Atwood, Damien North
葡萄栽培师: David Winstanley 执行总裁: Tricia Horgan

艺术系列赤霞珠（玛格丽特河）
Art Series Cabernet Sauvignon (Margaret River)

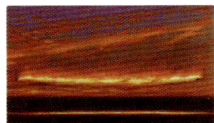

当前年份：2003年　87/100

最佳饮用时期：2011–2015

　　带橡木味和雪松气息的陈酿赤霞珠，散发着浆果和类似李子的水果香味，伴随着干草本和白芝士的气息。香草的橡木味使略带青涩的单宁框架变得平滑，余味带肉味和乡村气息。

艺术系列霞多丽 （克莱尔谷）
Art Series Chardonnay (Margaret River)

当前年份： 2005年 96/100

最佳饮用时期：2013–2017

几乎完美的一支霞多丽。这款出色的葡萄酒口感异常强烈集中，平衡性极佳。充满着菠萝、柚子、番石榴、类似芒果的水果香气与奶油、熏肉、香草和轻微的烟熏橡木香气完美地交织在了一起。同时，又有着矿物质的口感和柑橘酸味的点缀。余味非常持久，口感完整，酒精度和甜味明显，是一款力度控制极佳的典范。

艺术系列雷司令（玛格丽特河）
Art Series Riesling (Margaret River)

当前年份： 2007年 90/100

最佳饮用时期：2009–2012+

花香提升了辛辣味和酸橙汁及柠檬皮的香气。口感持久、略带紧绷感和刺激感。它的中度口感在口中显得非常丰富。余味显得清澈、尖利。在矿物质口感的衬托下，它显得新鲜，具备雷司令的特色，有着令人寻味的脆爽苹果味和柑橘般的酸味。

艺术系列长相思（玛格丽特河）
Art Series Sauvignon Blanc (Margaret River)

当前年份： 2007年 93/100

最佳饮用时期：2008–2009+

新鲜，口感集中，散发着荔枝和醋栗的刺激香气和青草（几乎类似汗味）的气息。圆润，果味丰富，口感持久强烈，余味略显单薄，带有矿物的气息和集中的柑橘水果味，酸度提神有刺激感。

艺术系列西拉（玛格丽特河）*Art Series Shiraz (Margaret River)*

当前年份：2006年　89/100

最佳饮用时期：2011-2014

一支漂亮、柔顺的年轻西拉，扑鼻的辛辣水果的香气和带果香的橡木气息带来了优雅、纯净的口感。口感带覆盆子、樱桃和黑醋栗的多汁风味。单宁精致、带柔滑的巧克力橡木味。余味多汁，带轻微的草本味。

序曲霞多丽（玛格丽特河）*Prelude Chardonnay (Margaret River)*

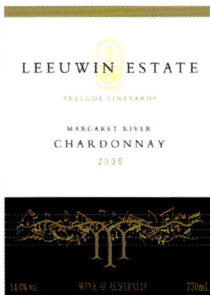

当前年份：2006年　88/100

最佳饮用时期：2008-2011

一支漂亮、柔顺的年轻西拉，扑鼻的辛辣水果的香气和带果香的橡木气息带来了优雅、纯净的口感。口感带覆盆子、樱桃和黑醋栗的多汁风味。单宁精致、带柔滑的巧克力橡木味。余味多汁，带轻微的草本味。

兄妹情长相思赛美蓉（玛格丽特河）
Siblings Sauvignon Blanc Semillon (Margaret River)

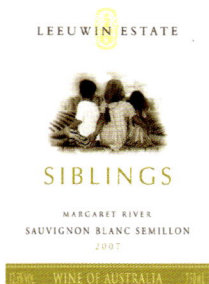

当前年份：2007年　90/100

最佳饮用时期：2008-2009

口感刺激集中，带有轻微的醋栗、西番莲、雪梨、荨麻的矿物香气。圆润、果味丰富。口感的延续性极佳，脆爽干净，呈细密的粉末状。余味带有丰富草本和轻微的未成熟的赛美蓉香气。

Lindemans 利达民

利达民目前最出名的可能就是它的Bin系列葡萄酒。Bin系列在多个重要国际市场中都取得了成功。庄主还把从其他国家购入的非澳大利亚葡萄酒也贴上利达民的标签，在出口市场上出售。

Karadoc Winery, Edey Road, Karadoc via Red Cliffs Vic 3496.
电话: (03) 5051 3285. 传真: (03) 5051 3390. 网址: www.lindemans.com.au
地区: 库拉瓦拉(Coonawarra)、帕史维(Padthaway)、
　　　南澳大利亚(South Australia)、 维多利亚(Victoria)
酿酒师: Wayne Falkenberg　葡萄栽培师: Marcus Everett　执行总裁: Jamie Odell

窖藏65霞多丽（南澳大利亚）
Bin 65 Chardonnay (Southern Australia)

当前年份：2007年　82/100

最佳饮用时期：2007-2008

成熟水果、焦糖是它给人们的第一印象。这款酒大方地展示出浓郁的桃子、瓜果、油桃和热带水果的口味。而橡木桶的烟草和香草的风味更是为水果香味提供支持。不同于糖浆般的口感，它更偏向于柔顺、丰满的口感。而烤土司的香气和柔和的酸味是这款酒回味的主要构造。

Meadowbank Estate 梅垛酒庄

梅垛酒庄是坐落在塔斯马尼亚岛上的一个葡萄酒庄园。他共拥有50公顷的葡萄园，其中9公顷在Cambridge，而将近40公顷在Glenora。他们出产的最好的酒就是典型的霞多丽和黑比诺。然而同时，他们也生产其他的一些品种。他们不经橡木处理的霞多丽可以是非常可口的。

699 Richmond Road, Cambridge Tas 7170.
电话: (03) 6248 4484. 传真: (03) 6248 4485.
网站: www.meadowbankwines.com.au　邮箱: bookings@meadowbankwines.com.au
地区: 德文谷（Derwent Valley）酿酒师: Andrew Hood
葡萄栽培师: Adrian Hallam　　执行总裁: Gerald Ellis

霞多丽（德文谷）*Chardonnay (Derwent Valley)*

当前年份：2005年　90/100

最佳饮用时期：2006-2007+

　　这是非常出色的、不经橡木处理的霞多丽。桃子、瓜果、菠萝、西番莲（激情果）和蕃石榴的果香引领出丝滑和活跃的口感。在柔和、爽快的酸味的点缀下，清新、新鲜的口感持续长久。

Mesh 美时

　　美时是由两位个性完全不同的雷司令支持者Grosset和Robert Hill Smith一起缔造的合作项目。双方提供等同数量的葡萄。发酵结束后，把完成的酒进行比对，然后决定并混合成最后的产品。Mesh的酒香水气息浓郁、扑鼻，有着标志性的花香和柑橘香味。它经典的、多汁的、高质量的青柠口味和紧凑的矿物质口感，是伊顿谷雷司令所应具有的。但是2007年的雷司令同其他年份的相比，就稍显逊色。

电话: (08) 8561 3200. 传真: (08) 8561 3465
网址: www.meshwine.com　邮箱: marketing@meshwine.com
地区: 伊顿谷（Eden Valley）酿酒师: Jeff Grosset, Robert Hill Smith
葡萄栽培师: Jeff Grosset, Robert Hill Smith 执行总裁: Jeff Grosset, Robert Hill Smith

雷司令（伊顿谷）*Riesling (Eden Valley)*

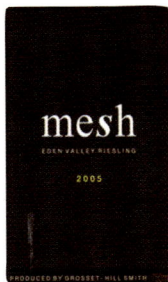

当前年份：2007年　88/100

最佳饮用时期：2009-2012

　　这是一支多汁的、大方的，花香味浓郁的雷司令。它有着线条分明的柠檬和青柠口感，其中还带着少许的蜜糖风味。而隐约的矿物质的质感更是衬托出酒的芳香。入口后，酒体逐渐呈现出少许的糖浆风味和带有棱角的口感。然而，水果和精致的矿物质口感还是大方得体地勾画出酒的特征。缺少重点和新鲜感，它的回味还是有着一定程度的酸甜风味和带有棱角的口感。

Moss Wood 慕丝森林

作为玛格丽特河标志性的葡萄酒酿造者，慕丝森林的激情来自于传统庄园种植的赤霞珠、霞多丽和赛美蓉。与此同时，来自Ribbon Vale地区葡萄园的酒，在质量和风格上，也有了迅速提升。酿酒师Keith Mugford的目标是致力于用丰富的、饱满的果实来打造他们的招牌赤霞珠。而它的酒精含量也要比理想的酒精含量要高一些。这些酒是永恒不变的美味，名副其实的好酒。

926 Metricup Road, Willyabrup WA 6284.
电话: (08) 9755 6266. 传真: (08) 9755 6303.
网址: www.mosswood.com.au 邮箱: mosswood@mosswood.com.au
地区: 玛格丽特河(Margaret River), 潘伯顿(Pemberton)
酿酒师: Keith Mugford, Josh Bahen, Amanda Shepherdson
葡萄栽培师: Steve Clarke 执行总裁: Keith & Clare Mugford

艾米赤霞珠 （玛格丽特河）
Amy's Cabernet Sauvignon (Margaret River)

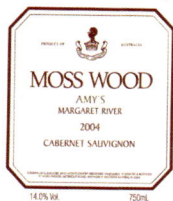

当前年份：2005年　92/100

最佳饮用时期：2010－2013+

　　带着花香的香气，让人体会到它的柔顺和富饶。稍许带着雪松风味的橡木口味，烘托着浓郁的红、黑莓的口味。徐徐而长久的黑橄榄的气息衬托着具有地区特点的泥土香气。精致的单宁更是给予酒体的发挥提供了依托。它具有精美的平衡感，酒香持续长久，充满野味的芳香。回味更是把它宜人的浓香推到了极致。

缎带谷葡萄园赤霞珠混合酒（玛格丽特河）
Ribbon Vale Vineyard Cabernet Blend (Margaret River)

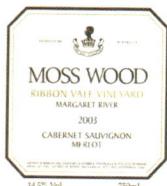

当前年份：2004年　90/100

最佳饮用时期：2012－2016

　　这是具有现代气息、风格独特的赤霞珠，有着优雅、宜人、鲜明、厚实的果实香气。它的橡木风味浓郁。带着薄荷油气息的桑葚、黑樱桃、李子和酸果蔓引领着徐徐烟熏、肉香和香料的酒香。它的口感柔顺、丝滑。略显多汁的单宁勾勒出醉人的黑醋栗、樱桃和蓝莓风味。而烟熏和香草味的橡木风情更是起到了衬托的作用。

Mount Langi Ghiran 朗节酒庄

朗节酒庄最出名的是带着胡椒风味的西维多利亚西拉，以及香气深厚的雷司令。它同时还生产一些相对比较经济的，适合早期饮用的维多利亚产区的红葡萄酒。这些酒则采用比利比利（Billi Billi）和峭壁（Cliff Edge）的标签。它和优伶酒庄、Paker Coonawarra和Xanadu一样，隶属于同一家公司。

80 Vine Road, Bayindeen Vic 3375. 电话: (03) 5354 3207. 传真: (03) 5354 3277.
网址: www.langi.com.au 邮箱: sales@langi.com.au 地区: 格兰皮恩斯（Grampians）
酿酒师: Dan Buckle 葡萄栽培师: Damien Sheehan 执行总裁: Gordon Gebbie

比利比利 西拉 歌海娜（维多利亚）*Billi Billi Shiraz Grenache (Victor*

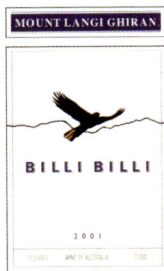

当前年份：2005年　87/100

最佳饮用时期：2007-2010

有着辛辣、胡椒气息的比较浓郁的黑色水果香味引领着内敛、优雅，精致的口感。而野味和肉类的香气主导着回味。这是一款有活力、具有一定特点的西拉。它那黑色水果、白胡椒、丁香、桂皮的香气略显空洞。

峭壁西拉（格兰皮恩斯）*Cliff Edge Shiraz (Grampians)*

当前年份：2002年　87/100

最佳饮用时期：2004-2007+

这是一款宜人的西拉，柔顺、辛辣，比较适合早期饮用。它诱人的枣子果香中带着辛辣、甘草的韵味。覆盆子、醋栗、桑葚组合成新鲜水果香味。略带青草、尘土气息的香甜的香草和椰子的橡木风味更是起到了衬托的作用。不复杂、柔和、顺滑的口感带着辛辣和少许的青草味。回味稍显生硬的酸味。

Langi赤霞珠 梅鹿辄 （格兰皮恩斯）
Langi Cabernet Sauvignon Merlot (Grampians)

当前年份：2001年　82/100

最佳饮用时期：2006-2009+

　　不同于生硬和干，这款稍显单薄的，具有棱角的赤霞珠的混酿酒带着少许的花香和有嚼劲的煮熟的李子、洋李、加仑的香味。而肉香和樱桃核的香气则隐约可见。起初黑色水果香气带来的冲击逐渐减弱，而野味和尘土味则是在余味中占主要地位。酒香持久，结构紧凑而有颗粒感。但似乎缺少一份清新和清澈。

Langi 西拉（格兰皮恩斯）Langi Shiraz (Grampians)

当前年份：2003年　87/100

最佳饮用时期：2008-2011

　　这是一款强劲有力、丰富多汁的西拉，成熟与青涩的特征共存。黑醋栗、黑李子、黑巧克力、摩卡/香草的橡木香气，夹带着辛辣和胡椒的气息。而紫罗兰花般的香味和皮草的暗香更是凸现出水果和橡木的风味。而同时也稍稍有点烈酒酒精带来的刺激。成熟的水果口味和肉类的香气伴随着简洁的糖果般的口感，却引领出一些压抑、青涩和生硬的口感。而同时，一些香甜的摩卡和巧克力的橡木风味则尝试着去掩盖这些不成熟的特质。余味比较乏味，酒精味明显，并且缺少新鲜和生命力。

雷司令（格兰皮恩斯）Riesling (Grampians)

当前年份：2005年　93/100

最佳饮用时期：2010-2013+

　　奔放、大方是这款新潮，带着德国风情的雷司令的特点。它有着金银花一般的花香。而柑橘和梨般精巧的香味更是带出柔顺、大方、温和的口感。余味更像是一款干

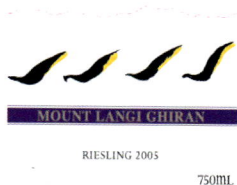

净、清新的半干德国白葡萄酒，以持久的新鲜苹果和梨的香味为主，有着少许被空气氧化后带来的复杂口感。

Mr Riggs 瑞格斯先生

前Wirra Wirra农场酿酒师转型的酿酒顾问Ben Riggs，在南澳大利亚迈拉仑维尔拥有了属于自己的品牌。2006年出产的西拉趋向于体现当年炎热的气候。不同种类的葡萄的成熟期也趋向一致。瑞格斯先生同时还酿造香气丰富的西拉维欧尼，粗犷的添普兰尼洛和多汁的维欧尼。

McLaren Vale SA 5171.电话: (08) 8556 4460. 传真: (08) 8556 4462.
网址: www.mrriggs.com.au 邮箱: mrriggs@pennyshill.com.au 执行总裁: Ben Riggs
地区: 迈拉仑维尔 （McLaren Vale）酿酒师: Ben Riggs 葡萄栽培师: Toby Bekkers

西拉 （迈拉仑维尔）*Shiraz (McLaren Vale)*

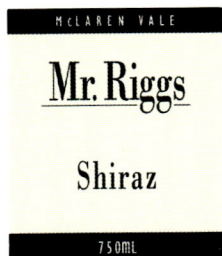

当前年份: 2006年 88/100

最佳饮用时期: 2011–2014

这款西拉正处于发展的阶段，有肉类的香气和葡萄干的风味。它有着少许的香料味和较为明显的红加仑、红李子的风味。而少许更加成熟的黑莓和红莓的清香对应着它酒精带来的温热感。丛林荆棘野果、柔和的单宁以及带着烘焙气息的香草、巧克力的橡木风味勾画出酒的结构。

嘉菲西拉（迈拉仑维尔）*The Gaffer Shiraz (McLaren Vale)*

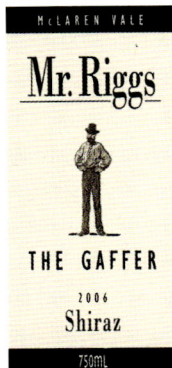

当前年份: 2006年 88/100

最佳饮用时期: 2007–2008+

轻微烧煮过的黑李子和浆果带着少许的辛辣气息是这款酒的主要香气，而茴香、八角和少许的橡木气息更是丰富了酒的香气。这是一款饱满度适中偏重的葡萄酒。有着持久的黑莓、甘草、胡椒的口味。而回味则是较干、带着野味的香气和清新、有活力的酸味。

Ninth Island 第九岛

第九岛是布鲁克（Pipers Brook）的二标酒。主要酿制一系列香气馥郁、活泼、适合早期饮用的餐酒，其中黑比诺的表现最为引人注目。

1216 Pipers Brook Road, Pipers Brook Tas 7252.
电话: (03) 6382 7527. 传真: (03) 6382 7226. 网址: www.pipersbrook.com
邮箱: enquiries@pipersbrook.com 地区: 塔玛河 （Tamar River）
酿酒师: Rene Bezemer 葡萄栽培师: Bruce McCormack 常务董事: Paul de Moor

黑比诺 （塔斯马尼亚） *Pinot Noir (Tasmania)*

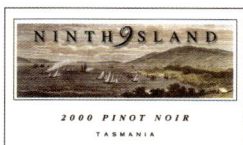

当前年份: 2006年 80/100

最佳饮用时期: 2007–2008

所选用的葡萄，部分过熟而另一部分成熟度不够。红樱桃、类似李子的如果酱般的甜美香气之下伴有肉味和绿色植物的气息。余味生涩、呈粉末状口感，略带苦味。

Oxford Landing 牛津园

在具有价格竞争力的澳洲葡萄酒品牌之中，我一直长时间地对牛津园的葡萄酒有着高度的评价。并且迄今为止，新产品中没有任何迹象能让我削弱这个看法。2006年赤霞珠西拉有着充足的、充满活力的、多汁的口味，并且有着惊人的深层结构。

电话: (08) 8561 3200. 传真: (08) 8561 3393.
网址: www.oxfordlanding.com 邮箱: info@oxfordlanding.com
地区: 河地 （Riverlands） 酿酒师: Teresa Heuzenroeder
葡萄栽培师: Bill Wilksch 执行总裁: Robert Hill Smith

赤霞珠西拉 (南澳大利亚)
Cabernet Sauvignon & Shiraz (South Australia)

当前年份：2006年　87/100

最佳饮用时期：2008-2011

这是成熟的、丰满的、多汁的、口味丰富的混合。带有质感的、浓厚的李子、蓝莓和黑莓和带着巧克力和香草气息的橡木口味紧密交织在一起。而略微辛辣和胡椒的风味更是有着点缀的作用。这是一款酒香持久、大方活泼的葡萄酒。成熟、干的单宁构造出醇正的结构。回味充满着宜人的持久酒香和清澈口感，只是稍稍有点烧煮的口味。

霞多丽（河地） *Chardonnay (Riverlands)*

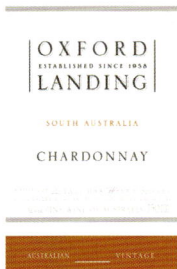

当前年份：2007年　86/100

最佳饮用时期：2007-2008+

它可能缺乏质感，不够新鲜。但是这是一款大方、光滑，带着烘焙口感的年轻的霞多丽。带着少许烤土司、香草香气的橡木口味包裹着柔和的梨和柠檬的水果口味。它的口感柔顺，有如同(带果皮的)桔子果酱一般的风味，同时陪伴着长久的柑橘和绿橄榄风味。

Parker Coonawarra Estate
帕克库拉瓦拉酒庄

帕克库拉瓦拉酒庄是已故的John Parker的原创结晶。Parker的目标是为库拉瓦拉红葡萄酒树立权威性的标准，令这个酒区的葡萄酒因为拥有深厚的水果香味和具有长时间窖藏能力而闻名。后来这个酒庄被Rathbone家族收购，他们是优伶酒庄和朗节酒庄的拥有者。它出产的以赤霞珠和梅鹿辄葡萄为原料的红葡萄酒是非常出色的葡萄酒。

Riddoch Highway, Coonawarra SA 5263.

电话: (08) 8737 3525.　传真: (08) 8737 3527.

网址: www.parkercoonawarraestate.com.au

邮箱: cellardoor@parkercoonawarraestate.com.au

酿酒师: Peter Bissell

地区: 库拉瓦拉 (Coonawarra)

葡萄栽培师: Doug Balnaves

执行总裁: Gordon Gebbie

头等园赤霞珠混合酒（库拉瓦拉）*Parker Coonawarra Estate Terra Rossa First Growth Cabernet Blend (Coonawarra)*

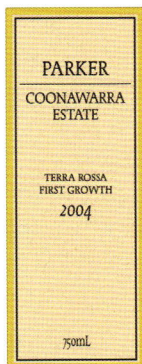

当前年份：2001年　93/100

最佳饮用时期：2013—2021

这是紧实、持久保鲜和完整的赤霞珠。梅鹿辄给予了酒有深厚、浓郁的黑色水果的香气和皮草的气息。而带着李子、醋栗香气的赤霞珠更是带出强劲、丝绒一般的口感。口感持续、浓郁而且紧实。新橡木的气息，精致略带涩味的单宁与深厚的黑色浆果水果的风味紧密交织在一起。

Penfolds　奔富酒园

奔富酒园如同澳大利亚葡萄酒皇冠上的那颗红宝石，它不仅是顶尖的红酒品牌，还出产新兴的顶级白葡萄酒。对于"在这个品牌中，你能够买到从葛兰许到洛神山庄任何产品"的说法，我觉得并不确切。但是你的确可以买到为数不多的单一葡萄园出产的葡萄酒，如玛格尔酒园（Magill Estate）出产的酒。这是澳大利亚葡萄酒历史的写照。就全世界对于单一酒园葡萄酒快速而强烈的反映来说，奔富的单一葡萄园出品完全具有立足之地。可以肯定的是，只要足够好，任何葡萄酒都会在当今的市场上占有一席之地。奔富的2005年高档葡萄酒，无论是红葡萄酒还是白葡萄酒，都是制作精美的作品。

Magill Estate Winery, 78 Penfold Road, Magill SA 5072.

电话: (08) 8301 5569.　　　　传真: (08) 8364 3961.

网址: www.penfolds.com.au　邮箱: penfolds.bv@cellar-door.com.au

地区: 南澳大利亚　　　　　　酿酒师: Peter Gago

葡萄栽培师: Tim Brooks　　执行总裁: Jamie Odell

Bin 28卡琳娜西拉（南澳大利亚）
Bin 28 Kalimna Shiraz (South Australia)

当前年份：2005年　90/100

最佳饮用时期：2010–2013+

　　成熟，酒精度略高，但仍是一支口味强烈的典型布诺萨西拉。稍稍有些被还原的迹象，这支带肉味的年轻红酒散发着黑莓、红浆果、李子以及干草本的利口酒香气，伴着甜/雪松/巧克力/香草橡木的气息。它丰满、多汁。果味丰富，柔软易饮，口感带馥郁丰富的果味和奶油橡木气息。单宁精致、灵活。

Bin 51 雷司令（伊顿谷）　Bin 51 Riesling (Eden Valley)

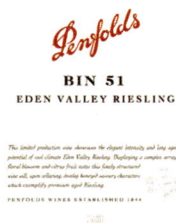

当前年份：2007年　90/100

最佳饮用时期：2012–2015

　　紧实，口感集中，稍显生硬。这支充满果香的年轻雷司令散发着浓郁的罐装热带水果的果香，苹果，番石榴和酸橙汁的香气，伴着一丝片岩矿物的气息。持久、粉末状的口感，开始时带有刺激、活泼的水果风味。余味活泼带柑橘酸味，十分宜人。

Bin 128库纳瓦拉西拉（库纳瓦拉）
Bin 128 Coonawarra Shiraz (Coonawarra)

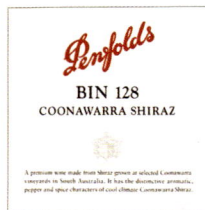

当前年份：2005年　92/100

最佳饮用时期：2013–2017

　　成熟黑醋栗、黑洋李和精致橡木味的活泼胡椒香气伴着黑胡椒、泥土和类似熟食的气息。　酒体适中偏重，香气柔软丰富，散发着略带果酱风味的野浆果/李子的水果香气。酒香慢慢的散发出来，同时酒体也更有结构，更加可口。口感紧实，带有香草/黑巧克力的橡木气息。单宁结构紧实，细密。

Bin 138 老藤葡萄隆河谷类型混合酒（布诺萨谷）
Bin 138 Old Vine Rhône Blend (Barossa Valley)

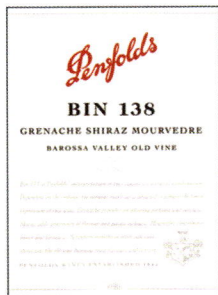

当前年份：2005年　92/100

最佳饮用时期：2014–2018

迷人的结构，蓝莓、黑醋栗、甘草和丁香的香气与精致收敛的橡木味和谐地融合在了一起。单宁紧实、呈粉状口感。酒体适中，口感强烈带香水味，带有悦人的果味。余味细密，绵长。

Bin 311莎当妮（奥兰治）*Bin 311 Chardonnay (Orange)*

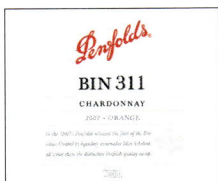

当前年份：2007年　90/100

最佳饮用时期：2009–2012

一支现代、收敛、带矿物香气的霞多丽。它散发着白桃、油桃、荔枝和柑橘的香气，伴有奶油和坚果的气息，同时也呈现着花香和石蜡的气息。口感轻柔，果味集中。余味持久、带强烈的果味和适中的酸度并伴有矿物的气息。

Bin 389赤霞珠西拉（南澳大利亚）
Bin 389 Cabernet Shiraz (South Australia)

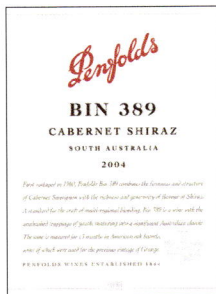

当前年份：2005年　95/100

最佳饮用时期：2017–2025

醇正的389，丰富的活泼黑色水果香气与甜栗子/摩卡/香草橡木气息以及柔滑、活泼的单宁配合得天衣无缝。酒香浓郁扑鼻，散发着紫罗兰、樱桃利口酒、干草本、黑洋李、黑莓和黑醋栗的香气。成熟但不是烧煮过头的水果味，它的单宁活泼，密致紧实。余味绵长，带有水果风味和粉状口感。

Bin 407赤霞珠 （南澳大利亚）
Bin 407 Cabernet Sauvignon (South Australia)

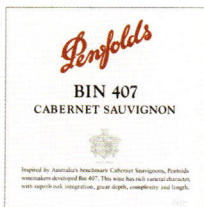

当前年份： 2005年　93/100

最佳饮用时期： 2013-2017+

　　带有迷人的黑色水果味，散发着紫罗兰、黑莓、李子和雪松/巧克力橡木的花香，伴有摩卡和干草本的气息。口感持久、光滑。丰富、带生动果味的精致口感和精致的单宁带来了优雅性和良好的结构。余味有着宜人的平衡感以及持久的果味。

葛兰许（主要来自布诺萨山谷）
Grange (Barossa Valley, predominantly)

当前年份： 2003年　96/100

最佳饮用时期： 2023-2033+

　　非常成熟、自信，这是一支传统的温暖年份的葛兰许。散发着黑色、丰富的荆棘水果和橡木味。单宁较干紧实，有矿物质感。它仍然是一款年轻的葡萄酒，花香惊人得馥郁，茉莉花香以及黑莓、蓝莓、黑醋栗和黑洋李的浓郁香气，伴着烟熏味、肉味、黑巧克力和雪松的气息。当酒香再慢慢展开一些时，蜜糖、茴香和石墨的香气慢慢展现出来。紧实密致，它的口感带有集中的香气、余味持久并且具备这个品牌所应有的平衡性。

蔻兰山西拉赤霞珠（澳大利亚东南部） *Koonunga Hill Shiraz Cabernet Sauvignon (South-Eastern Australia)*

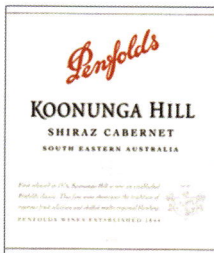

当前年份： 2006年　89/100

最佳饮用时期： 2011-2014

　　果味丰富、成熟、醇正，这支带辛辣味的酒散发着黑洋李、黑莓、红色浆果、紫罗兰、胡椒和黑茶的香气，伴随着精致的奶油巧克力/香草橡木的气息。单宁紧实，有矿物质感。但是余味仍然宜人、持久、柔滑。

玛格尔庄园西拉（阿德莱德市）
Magill Estate Shiraz (Adelaide Metropolitan)

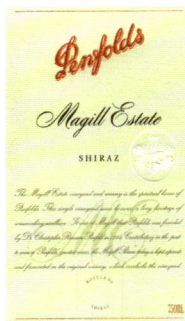

当前年份：2005年　95/100

最佳饮用时期：2025-2035

　　有着典型的野味和肉香，这支粗犷、有骨感的西拉。它散发着黑莓、黑醋栗和黑洋李的香气以及浓郁的花香和奇异辛辣味。同时也暗藏着动物皮毛的气息。作为一支香气馥郁的西拉，它的酒体轻盈。绵长的果味、肉味和泥土气息与粗亚麻般口感的单宁紧密地交织在一起。口感持久和谐，有良好的的瓶中陈年潜力。

RWT 西拉（布诺萨谷）　*RWT Shiraz (Barossa Valley)*

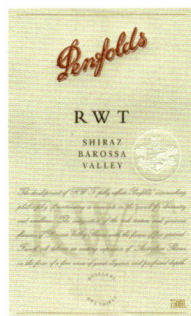

当前年份：2005年　96/100

最佳饮用时期：2013—2017

　　一款生动柔滑、令人愉悦的西拉。辛辣的香水味、宜人的摩卡味和精致的新法国橡木味提升了黑莓、黑醋栗和类似李子的简单香气。果味丰富但不似果酱般稠密，平滑易饮，单宁精致、柔软，如天鹅绒般温和。

圣亨利西拉（南澳大利亚）　*St Henri Shiraz (South Australia)*

当前年份：2004年　96/100

最佳饮用时期：2024-2034

　　芳香馥郁，散发着诱人的花香和黑莓利口酒的酒精味、洋李、黑樱桃和麝香的辛辣味道，伴有橡木和甜皮革的薄荷气息。这是一支优雅、细密、口味馥郁的"勃艮第风格"澳大利亚酒典范，即使从前它的酒标包含了"Claret"（波尔多类型的红酒）这个字眼。口感持久、丰富，带有醇正的果香。而颗粒状的，带有矿物质感的单宁勾画出葡萄酒的框架。可以坚信，这款酒会变得惊人的饱满。

雅塔娜霞多丽（阿德莱德山）
Yattarna Chardonnay (Adelaide Hills)

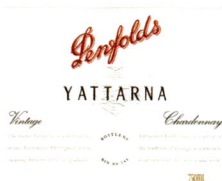

当前年份：2005年　96/100

最佳饮用时期：2010-2013

出奇的细密、优雅，这支香气馥郁、层次丰富的霞多丽具备了良好的平衡性和精致度。 精巧且具有复杂性，散发着柑橘花、白桃、油桃、瓜类和柚子的香气，伴着熏肉和烟熏橡木的气息。浓郁的果香始终伴随着轻柔、持久、完美的口感 。余味持久，平衡性佳。

Pertaringa　波特加

Geoff Hardy和Ian Leask是主要的葡萄种植者，他们栽培的葡萄主要用于波特加和K1两个品牌。波特加品牌包含了一系列成熟、带肉味、香气馥郁并在橡木桶中陈年的迈拉仑维尔葡萄酒。2005年份的葡萄酒特别华丽，有葡萄干的风味，橡木桶的陈年给酒的口感带来了甜度。

Corner Hunt & Rifle Range Roads, McLaren Vale SA 5171.
电话: (08) 8323 8125. 传真: (08) 8323 7766.
网址: www.pertaringa.com.au 邮箱: wine@pertaringa.com.au
地区:迈拉仑维尔 （McLaren Vale） 酿酒师: Geoff Hardy, Ben Riggs
葡萄栽培师: Ian Leask 执行总裁: Ian Leask & Geoff Hardy

超越颠峰西拉（迈拉仑维尔） *Over The Top Shiraz (McLaren Vale)*

当前年份：2005年　88/100

最佳饮用时期：2010-2013

如丝绸般柔滑，丰富，这支香气馥郁的西拉充满着果味和轻微的黑莓、黑洋李和红醋栗的香气，散发着带有黑巧克力、摩卡和肉味的橡木风味。 醇厚、天鹅绒般的单宁带来厚重、甘甜，酸味突出的口感。余味带有薄荷和薄荷脑的香气。

来复枪与狩猎赤霞珠（阿德莱德）
Rifle and Hunt Cabernet Sauvignon（Adelaide）

当前年份：2005年　87/100

最佳饮用时期：2007－2010

口感集中、丰厚，似乎有些葡萄干的风味。橡木桶中的陈年给这款橡木味丰富、野味十足的西拉带来了甜度，此酒结构紧实、细密，梅干、醋栗和巧克力的回味绵长。

Petaluma　葡萄之路

葡萄之路是由Brian Croser建立的一家标志性的澳洲酒厂，它隶属于Lion Nathan公司。有趣的是，Croser家族如今仍然拥有着葡萄之路产业中的原始酒厂、邻近的土地和著名的Tiers葡萄园。虽然葡萄之路的酒仍然位于澳洲顶尖葡萄酒之列，但它的酒却一直很难获得广泛的认可。结果就是，它的主要品牌霞多丽和库拉瓦拉（赤霞珠混调）的售价低于与产品竞争力所相符的价格。该公司酿制的阿德莱德山种植的隆河谷品种缺少其优质葡萄酒所具备的质量和稳定性。

Spring Gully Road, Piccadilly SA 5151. 电话: (08) 8339 9300. 传真: (08) 8339 9301.
网址: www.petaluma.com.au　邮箱: petaluma@petaluma.com.au
地区: Adelaide Hills, Clare Valley, Coonawarra
酿酒师: Andrew Hardy 葡萄栽培师: Mike Harms 执行总裁: Anthony Roberts

霞多丽 (阿德莱德山) *Chardonnay (Adelaide Hills)*

当前年份：2006年　95/100

最佳饮用时期：2011-2014

此酒散发着浓郁的干花、蜜瓜、白桃和带有坚果、黄油和香草气息的橡木味，并伴有粗面粉和烤坚果的气息。口感持久，含蓄精致。柔滑温和的味蕾带有极佳的多汁瓜类、桃子和金橘的风味。单宁细腻，带有宜人的酸度。是一支口感集中、重点突出的霞多丽。

库拉瓦拉（赤霞珠&梅鹿辄）（库拉瓦拉）
Coonawarra (Cabernet Sauvignon & Merlot) (Coonawarra)

当前年份：2006年　95/100

最佳饮用时期：2018-2026

这支柔滑、优雅、完整的赤霞珠混调带有轻微的树叶气息，口感充满黑醋栗、桑葚、黑洋李和樱桃的风味。此酒带有丰富的浓郁果味和带有烟熏、烘焙胡桃/巧克力气息的橡木味。单宁细腻、呈颗粒状。余味持久、平衡性良好，蓝莓和黑樱桃的气息绵长。是一支非常漂亮、恰到好处的酒。

翰林山雷司令（克莱尔谷）*Hanlin Hill Riesling (Clare Valley)*

当前年份：2008年　96/100

最佳饮用时期：2020-2028

这是一支口感持久、白垩质感、平衡良好、漂亮的年轻西拉。散发着酸橙汁、柠檬皮和白色花朵的馥郁芳香并伴有矿物和粉笔的气息。口感圆润、丰富多汁，带有甘甜、集中的果味，单宁细腻，呈粉末状。此酒适合长期的储藏。

梅鹿辄 (库拉瓦拉) *Merlot (Coonawarra)*

当前年份：2004年　87/100

最佳饮用时期：2009–2012

这支漂亮却单薄的酒缺少强度，很有可能是产量过多的结果。覆盆子、樱桃和李子的薄荷、紫罗兰香气交织着甘甜的橡木气息。口感柔滑多汁，带有明显的酒精的灼热感，在窖中的陈年情况良好。

西拉（阿德莱德山）*Shiraz (Adelaide Hills)*

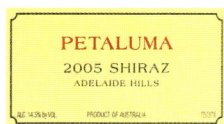

当前年份：2006年　89/100

最佳饮用时期：2010–2014

这是一支精致时髦的现代隆河谷风格的葡萄酒，带有薄荷、薄荷脑和番茄梗的气息。麝香和轻微的肉味交织着小黑/红浆果的气息，并伴有熟食的肉香。酒体中等至饱满，口感柔滑带橡木味，黑莓、桑葚和覆盆子的多汁风味。余味带肉质气息，辛辣，风味极佳。

Peter Lehmann　彼得利蒙

彼得利蒙是一个坐落于布诺萨山谷的一个庞大的品牌。正如人们对来自这个产区的酒的期待，它的酒典型地集聚着成熟、多汁的水果口味和丰满酒体。而同时，它也时常能体现出可以察觉到的细腻和平衡。彼得利蒙在20世纪80年代中期建立酒厂，是那个时期一个非常重要的葡萄酒厂。布诺萨山谷的葡萄酒当时奇怪地不受欢迎，彼得利蒙的创立以及由它带来的热情使得许多伟大的葡萄酒园得以生存到现在。

Off Para Road, Tanunda SA 5352.

电话: (08) 8563 2100. 传真: (08) 8563 3402.

网址: www.peterlehmannwines.com   邮箱: plw@peterlehmannwines.com

地区: 布诺萨山谷 (Barossa Valley)

酿酒师: Andrew Wigan, Kerry Morrison, Leonie Lange & Ian Hongell

葡萄栽培师: Peter Nash 执行总裁: Douglas Lehmann

布诺萨山谷赤霞珠（布诺萨山谷）
Barossa Cabernet Sauvignon (Barossa Valley)

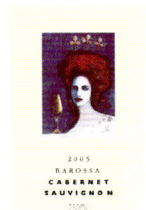

当前年份: 2005年   82/100

最佳饮用时期: 2007–2010

　　这是一个适合近期饮用的赤霞珠。它的结构比较紧实但是略显棱角。它的果香以比较简单，如同糖果味的覆盆子和醋栗味为主，而略带青涩棱角，单薄的榨取物质和带有雪松、香草味的橡木风味起到衬托的作用。它的余味由起初多汁和清澈的口感逐渐地变淡。

布诺萨山谷赛美蓉（布诺萨山谷）
Barossa Semillon (Barossa Valley)

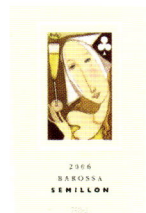

当前年份: 2005年   88/100

最佳饮用时期: 2007–2010

　　这款赛美蓉有着活泼和具有葡萄品种特有的香气。新鲜的绿色瓜果和柠檬汁的香气引领着清新、鲜明的口感。而余味以干净、生津的酸味和清澈、如同橘子般的水果味组成。

A
B
C
D
E
F
G
H
I
J
K
L
M
N
O
P
Q
R
S
T
U
V
W
X
Y
Z

克兰西西拉赤霞珠梅鹿辄（布诺萨山谷）
Clancy's Shiraz Cabernet Sauvignon Merlot (Barossa Valley)

当前年份：2004年　86/100

最佳饮用时期：2006—2009

　　这款酒相对简单、单薄，带有泥土的芬芳。新鲜的小黑莓和小红莓的水果口味、紫罗兰的花香是这款酒的主要香味，带着少许的辛辣和胡椒的风味和内敛的雪松/香草般的橡木风味。它的口感温和、柔顺。随着起初有活力的蓝莓和黑李子的香味逐渐褪去，呈现出颗粒状单宁、带有矿物质口感和泥土芬芳的余味。

伊顿谷雷司令 （伊顿谷）Eden Valley Riesling (Eden Valley)

当前年份：2007年　93/100

最佳饮用时期：2012–2015+

　　青柠、梨还有柠檬的水果香气中带有一丝麝香的气息。而同时也呈现出细微的滑石粉和玫瑰花的香气。多汁的、柑橘类水果香气完全的在口中绽开。它口感持续长久、柔顺并且带有矿物质感。它近乎丰满、黏稠的酒体同干净、清新和青柠般的酸味结合在一起。是非常有特色的和地域特征的葡萄酒。

八首歌西拉 （布诺萨山谷）Eight Songs Shiraz (Barossa Valley)

当前年份：2002年　90/100

最佳饮用时期：2010–2014

　　这是一款丰富的、成熟的、带着肉香的葡萄酒。它是具有较长窖藏能力的布诺萨山谷西拉。它黑莓和李子的水果香气深厚，并且带有野味的芬芳。而香甜、烟熏的橡木和黑胡椒风味以及细微的丁香和肉桂的芳香同果香漂亮地结合在一起。即有些许老化的味道，但是它的口感还是华丽，温和。隐藏在深处的辛辣的风味，和具有泥土气息的西拉的水果风味被紧实的单宁包裹着。而它的余味长久，持续并且可口。

利蒙大师赤霞珠混合 （布诺萨山谷）
Mentor Cabernet Blend (Barossa Valley)

当前年份：2002年　93/100

最佳饮用时期：2014—2022

这是一支优雅、柔顺、丝滑的赤霞珠混合葡萄酒。略带尘土味，香水般的紫罗兰花香、醋栗味、雪松和香草般的橡木香气引领出隐藏着的干香料、薄荷的气息。酒体适中偏重，口感持久、有活力。浓郁的桑葚、李子和黑莓的果味有着奶香的橡木风味的衬托。而带有骨感的、粉末状的单宁勾画出葡萄酒的框架。它的回味是带有薄荷香的黑色水果口味以及细微的薄荷脑的芳香。

石井西拉 （布诺萨山谷）Stonewell Shiraz (Barossa Valley)

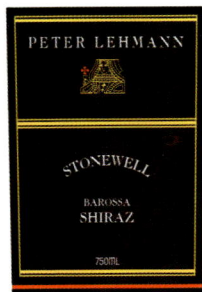

当前年份：2002年　96/100

最佳饮用时期：2014-2022+

这是一款经典的布诺萨山谷西拉。它轻松地融合了卓越的强烈、浓郁和优雅、精致。这是有着深层浓度的葡萄酒。它有活力的、荆棘丛林般的黑加仑和红色浆果的果香，带有薄荷的气息。而雪松/黑巧克力般的橡木风味更是给水果香味依托。相对来说，这款酒还是比较收敛，它慢慢呈现出层次丰富，由黑莓和李子的果味同粉末、精致颗粒的单宁紧密交织的口感。这样的口感不断地增强，直到勾画出持久的回味。肉香，野浆果的口味，黑橄榄以及柔顺的单宁是回味的主要元素。

Pipers Brook 布鲁克

几十年来，布鲁克不同葡萄园的庄主都致力于将欧洲的葡萄品种与其葡萄园的地理位置和土壤特征搭配起来。这种对细节的关注使酒厂能够生产出澳洲最具阿尔萨斯风格的薏丝琳、灰比诺和格乌兹塔明娜。此外，它还酿制了一些风味极佳的霞多丽和皮诺酒，不过质量的稳定性还有待提高。

1216 Pipers Brook Road, Pipers Brook Tas 7254.
电话: (03) 6382 7527. Fax: (03) 6382 7226. 网址: www.pipersbrook.com
邮箱: enquiries@pipersbrook.com   地区: 笛手河 (Pipers River)
酿酒师: Rene Bezemer   葡萄栽培师: Bruce McCormack   执行总裁: Paul de Moor

庄园黑比诺（笛手河）*Estate Pinot Noir (Pipers River)*

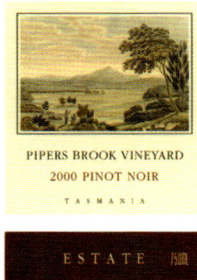

当前年份: 2005年 88/100

最佳饮用时期: 2010-2013

一款风格突出、香气馥郁、结构不俗的年轻比诺酒。丁香和肉桂的辛辣气息交织着樱桃、李子和黑莓的皮革、花香和轻微的还原香气。口感紧实、带有肉味和勃艮第volnay产区酒的气息。单宁紧实，偏干，呈粉末状。此酒风味极佳，不过酒体稍显单薄。余味带有轻微的生涩酸度。

庄园灰比诺（笛手河）*Estate Pinot Gris (Pipers River)*

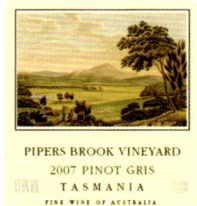

当前年份: 2006年 87/100

最佳饮用时期: 2007-2008

此酒呈粉末状口感，带有草本气和辛辣梨子和瓜果的花香。口感持久生动，浓郁的果味掩盖了不新鲜的平淡口感，呈现出类似橡木的气息。余味清爽生动，带有宜人的酸度。

庄园雷司令（笛手河）*Estate Riesling（Pipers River）*

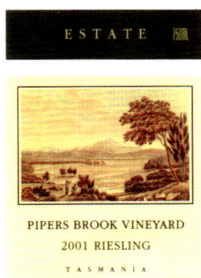

当前年份：2004年　93/100

最佳饮用时期：2009-2012

　　这支芳香馥郁的雷司令的酒质和结构都类似阿尔萨斯的风格。螺旋塞的设计加重了此酒所带有的还原香气，酸橙、柠檬花和苹果的气息伴着一丝湿板岩的气息。柔滑稠密，但却不油腻，口感浓郁、带有麝香和辛辣气息，如果不是酒精所带来的灼热口感，雷司令的果味则会更加无暇纯净。

Primo Estate　普里蒙酒庄

　　大量普里蒙酒庄酿酒的葡萄来自于迈拉仑维尔和酒庄的发源地阿德莱德平原的葡萄园。我曾经把酿酒师Joe Grilli称为澳大利亚最具有创新意识的酿酒师！他的顶级酒标Joseph，取自于迈拉仑维尔一些相当有吸引力的葡萄园。其中包括了饱受好评的由赤霞珠和梅鹿辄混合的Moda。这是一款酒在发酵前经过类似意大利阿马罗内葡萄酒的处理。在年轻的酒中，Il Briccone和La Biondina都是典型的美味。

McMurtrie Road, McLaren Vale SA 5171.
电话: (08) 8323 6800. 传真: (08) 8323 6888.网址: www.primoestate.com.au
邮箱: info@primoestate.com.au地区: 阿德莱德山 (Adelaide Hills)
酿酒师: Joe Grilli, David Tait 执行总裁: Joe Grilli

La Biondina Colombard （南澳大利亚）
La Biondina Colombard（South Australia）

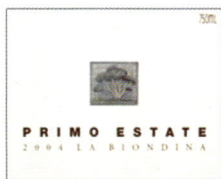

当前年份：2006年　91/100

最佳饮用时期：2007-2010

　　这是一款带有盐和矿物口感的葡萄酒。它的果香以新鲜、略显糖果味的西番莲（激情果）和菠萝为主，带着细微的香料和柠檬风味。它口感多汁和饱满，虽然它带有强烈盐味，但是糖浆般的口感使得余味持续长久、干净，仅仅有少许的残糖。

博可纳西拉桑娇维塞（来自多个产区,南澳大利亚）
Il Briccone Shiraz Sangiovese (Various, South Australia)

PRIMO ESTATE

当前年份：2005年　91/100

最佳饮用时期：2007–2010

这款酒有烟熏、肉香、深色水果和丛林荆棘水果的香气。这支讨人喜欢的、年轻的混合酒包含着美味的黑李子、黑莓和黑樱桃的口味，同时也有着干而有骨感的紧凑单宁。酒体饱满，同时也已经可以被享用了。它有着泥土芬芳，辛辣、可口的芬芳。而清新的酸味和持久的以黑色水果为带核果味构造出酒的回味。

杰斯福赤霞珠梅鹿辄（迈拉仑维尔）
Joseph Moda Cabernet Sauvignon Merlot (McLaren Vale)

JOSEPH

当前年份：2006年　93/100

最佳饮用时期：2013–2017+

它是光滑的、具有风格的葡萄酒。在薄荷、薄荷脑、干香料和加仑的依托下，它显示出强烈的荆棘黑加仑、李子、黑莓和黑樱桃的水果味。它的口感持续、长久。在精致粉末状的单宁的环绕下，有活力的黑色水果口味同带着雪松、香草和黑巧克力的橡木风味紧密交织在一起。而它的余味是可口的，带着持久的矿物质感。

Rochford 罗富

罗富是一个精力充沛的小型葡萄酒园。2001年收购的Eyton On Yarra饭店与在凉爽气候的马斯顿山脉中的葡萄园遥相呼应。近几个年份生产的葡萄酒展现出一些真正的改良，来自两个产区的霞多丽都朝着更具重点的、矿物质口感的方向发展。与此同时，一些黑比诺也更趋向于扑鼻的辛辣和深层的水果香。

Corner Maroondah Highway & Hill Road, Coldstream Vic 3770.
电话: (03) 5962 2119. 传真: (03) 5962 5319.
网址: www.rochfordwines.com 邮箱: info@rochfordwines.com
地区: 马斯顿山脉（Macedon Range），雅拉谷 (Yarra Valley)
酿酒师: David Creed 执行总裁: Helmut Konecsny

马斯顿山脉霞多丽（马斯顿山脉）
Macedon Ranges Chardonnay (Macedon Ranges)

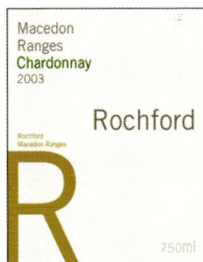

当前年份：2005年　91/100

最佳饮用时期：2007-2010+

　　它是别具风格、现代并且优美的霞多丽。这款紧凑的、矿物质口感丰富的霞多丽有着烟熏、少许燧石的香气和长久、干型的口感。新鲜的柑橘类水果酸味是回味的主要元素。有着明显咸味的柚子、瓜果、柠檬和梨的果味同坚果、香草味的橡木风味紧密交织在一起。持久的回味以宜人的矿物质口感为主。

马斯顿山脉黑比诺（马斯顿山脉）
Macedon Ranges Pinot Noir (Macedon Ranges)

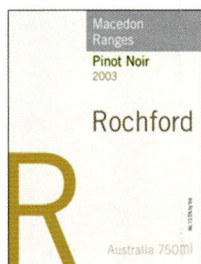

当前年份：2005年　88/100

最佳饮用时期：2010-2013

　　这款具有尘土、辛辣和香料香气的凉爽地区出产的黑比诺，展现出红樱桃和李子的香气，以及起陪衬作用的内敛的橡木风味。它的口感精细、持久并且有重点，表现出宜人长久的果香和干而有骨架感的单宁。它只是因为稍微过量的青草味而不能得到更高的分数，但是却有着醇正的持久口感和结构，以及紧凑而清新的余味。

雅拉谷长相思（雅拉谷）
Yarra Valley Sauvignon Blanc (Yarra Valley)

当前年份：2007年　87/100

最佳饮用时期：2008-2009

　　它的香气丰饶，口感稍显饱满、厚实。它以成熟、醇香和草香的形式体现出醋栗、荔枝和西番莲（激情果）的果味，同时暗暗带着矿物质口感。它的余味只是稍微不协调，缺少紧实感和重点。

Rosemount 玫瑰山庄

　　玫瑰山庄是重要的澳大利亚葡萄酒品牌，该品牌目前正处于风格转型期。它酿制的芳香馥郁、新鲜易饮的餐酒是澳大利亚葡萄酒出口取得成功的主要原因之一。虽然品牌所采用的新式钻石形酒瓶十分引人注目，但它去年的酒表现缺少亮点，无法引起消费者的兴趣。玫瑰山庄还使用迈拉仑维尔和猎人谷上河谷的独立葡萄园酿制出一些诱人、价格较为昂贵的葡萄酒。

Rosemount Road, Denman NSW 2328.

电话: (02) 6549 6400. 传真: (02) 6549 6499.

网址: www.rosemountestate.com.au　邮箱: rosemountestates.hv@cellardoor.com.au

地区: Various 酿酒师: Charles Whish, Matthew Johnson

葡萄栽培师: Sam Hayne, Nigel Everingham 执行总裁: Jamie Odell

伯沫仙红 （迈拉仑维尔）*Balmoral Syrah (McLaren Vale)*

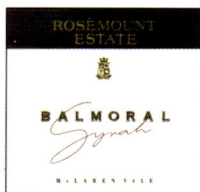

当前年份：2002年　87/100

最佳饮用时期：2007-2010

　　这是一支橡木味突出、简单、适合短期内饮用的葡萄酒，成熟不均匀的果实带来了独特的魅力和吸引力。黑莓、李子和黑醋栗的浓郁糖果香气交织着带有烟熏黑巧克力/香草气息的橡木味并伴有轻微的草本气息。酒体中等至饱满，橡木的甜味和酒精使口感变得浓郁。此酒带有未成熟的气息，缺乏突出的特征。

赤霞珠（来自不同产地）*Cabernet Sauvignon (Various)*

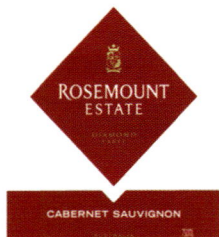

当前年份：2005年　86/100

最佳饮用时期：2006–2007+

　　此酒可立即饮用，散发着紫罗兰、黑醋栗、黑洋李、甜橡木和小浆果的新鲜、带糖果气息的香气。口感柔顺、浓郁，带有活泼的品种香气，单宁精致柔滑。酒体中等至饱满，十分易饮。

霞多丽（来自不同产地）*Chardonnay (Various)*

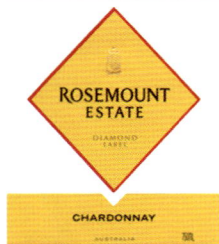

当前年份：2006年　87/100

最佳饮用时期：2006–2007+

　　此酒非常清爽、活泼宜人，散发着白桃、香蕉的成熟多汁的热带果香，并伴有腰果和甜香草的气息。口感圆润强烈、柔滑集中，桃子和瓜类水果的绵长口感带有柔顺的酸度。非常漂亮，不同于这个品牌之前的产品风格。

罗斯伯格霞多丽（猎人谷上河谷）
Roxburgh Chardonnay(Upper Hunter Valley)

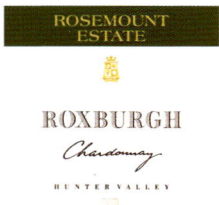

当前年份：2004年　94/100

最佳饮用时期：2009–2012

　　优雅精致，这支香气馥郁、紧实集中的霞多丽散发着白桃、瓜类和金橘的水果浓郁香气，但同时保留了新鲜度和含蓄。肉味、奶油气息与带有黄油和香草气息的橡木味完美地交织在了一起。

西拉（来自不同产区） *Shiraz (Various)*

当前年份：2006年　86/100

最佳饮用时期：2008-2011

　　这支令人振奋、香气馥郁、适合在早期饮用的西拉散发着黑莓糖果、浆果、蓝莓的香气和甜美的香草橡木味，口感活泼辛辣，带有干草本的气息。单宁柔顺、结构松散。

霞多丽珍藏（上猎人谷）
Show Reserve Chardonnay (Upper Hunter Valley)

当前年份：2006年　90/100

最佳饮用时期：2008-2011+

　　这支新鲜、成熟、时髦的霞多丽散发着绿色瓜果、柠檬和烟草的生动果香并伴有香草、爽身粉和羊毛脂的气息。口感浓郁多汁、带有酸橙和柠檬的成熟风味。单宁细密、带粉笔味。余味宜人，带有坚果气息。

玛郎格武仙红（迈拉仑维尔） *Show Reserve GSM(McLaren Vale)*

当前年份：2004年　89/100

最佳饮用时期：2006-2009+

　　柔滑、精致、时髦，西拉和幕尔维德的特征十分突出。肉桂和丁香的辛辣气息夹杂着黑莓、蓝莓、覆盆子和李子的甜美香气，并伴有甜美的香草橡木味。单宁精致，口感柔滑。

仙红珍藏干红西拉（迈拉仑维尔、兰好乐溪、金钱溪）*Show Reserve Shiraz (McLaren Vale, Langhorne Creek, Currency Creek)*

当前年份：2004年　89/100

最佳饮用时期：2006-2009+

　　成熟、柔滑、易饮，这支平衡出色的现代西拉散发着轻微的黑洋李、浆果、麝香、肉桂的辛辣气息，新鲜的雪杉/香草橡木味夹杂着花香。酒体中等至饱满，口感带有微酸的果味和新鲜的橡木味，单宁紧实、结构疏松。余味带有甘草和黑橄榄的气息。

玛郎传统珍藏（赤霞珠混调）（迈拉仑维尔、兰好乐溪）*Show Reserve Traditional (Cabernet blend) (McLaren Vale, Langhorne Creek)*

当前年份：2006年　96/100

最佳饮用时期：2010-2013+

　　这支令人振奋、香气馥郁、适合在早期饮用的西拉散发着黑莓糖果、浆果、蓝莓的香气和甜美的香草橡木味，口感活泼辛辣，带有干草本的气息。单宁柔顺、结构松散。

Saltram　索莱酒园

　　索莱酒园的主要葡萄酒品牌包括质量始终如一的玛丽小溪红酒品牌、甘甜的1号西拉和价格适中的旗舰产品The Eighth Maker西拉。2002年The Eighth Maker西拉的出色表现为酿酒师Nigel Dolan的事业画上了重要的一笔。而2003年的西拉做工也非常精致，那一年真正出色的布诺萨红酒屈指可数。酒园2004年的1号西拉则非常丰饶、美味。

Nuriootpa-Angaston Road, Angaston SA 5353.
电话: (08) 8564 3355. 传真: (08) 8564 2209. 网址: www.saltramwines.com.au
邮箱: cellardoor@saltramestate.com.au 地区:布诺萨谷(Barossa)
酿酒师: Nigel Dolan　葡萄栽培师: Murray Heidenreich 执行总裁: Jamie Odell

玛丽小溪霞多丽（南澳大利亚）
Mamre Brook Chardonnay (South Australia)

当前年份：2005年　85/100

最佳饮用时期：2007-2010

此酒散发着不同寻常的黄铜味和刺鼻的气味并带有老化味、肉味、黄油和大麦糖的气息。 口感丰富，带有烧烤气息，但缺少持久度，并带有桃子、瓜类和柑橘水果的多汁风味。余味虽带有复杂的奶油气息和肉味，却略显平淡。

玛丽小溪赤霞珠（布诺萨谷）
Mamre Brook Cabernet Sauvignon (Barossa Valley)

当前年份：2006年　89/100

最佳饮用时期：2010-2013+

这支口感浓郁、甜美多汁的炎热年份的赤霞珠散发着黑莓、黑醋栗、黑洋李和深橄榄的成熟香气并伴有尘土和树叶的气息以及精致的巧克力/香草橡木味，口感柔滑、成熟度恰到好处。持久度、深度和复杂度欠缺。

玛丽小溪西拉（布诺萨谷）*Mamre Brook Shiraz (Barossa Valley)*

当前年份：2006年　90/100

最佳饮用时期：2010-2013

此酒强劲，风格突出，这支散发着轻微的老化味和这个年份所特有的葡萄干的气息，同时带有丰富的黑/红浆果、黑洋李的成熟气息并伴有宜人的肉味和野味。口感柔滑强烈，带有香草和雪杉的橡木气息，酒精所带来的灼热口感稍重。

A B C D E F G H I J K L M N O P Q R S T U V W X Y Z

1号西拉（布诺萨谷）*No. 1 Shiraz (Barossa Valley)*

SALTRAM
OF BAROSSA

No.1

SHIRAZ 2002

当前年份：2004年　95/100

最佳饮用时期：2012−2016+

　　这支辛辣的经典布诺萨西拉散发着胡椒和丁香的气息以及层次丰富的黑莓、李子、烟熏和巧克力的气息。口感柔滑强烈，带有胡椒和丁香的气息并伴有绵密的雪杉/椰子的橡木味。单宁紧实、精致柔顺。酒精味浓郁却不失平衡度，余味带有明显的酒精味，风味极佳、甘草的气息十分绵长。

Sandalford　山度富

　　山度富是位于玛格丽特河的一家中等规模的酿酒厂，它出产的酒价格比较适中。该酒厂近几个年份的红酒要优于白葡萄酒。山度富还雄心勃勃地推出了其高端系列Prendiville珍藏赤霞珠，该系列也是玛格丽特河地区价格最高昂的赤霞珠之一。

3210 West Swan Road, Caversham WA 6055.
电话: (08) 9374 9374. 传真: (08) 9274 2154. 网址: www.sandalford.com
邮箱: sandalford@sandalford.com 地区: 玛格丽特河(Margaret River)
酿酒师: Paul Boulden 葡萄栽培师: Peter Traeger 执行总裁: Grant Brinklow

赤霞珠（玛格丽特河）*Cabernet Sauvignon (Margaret River)*

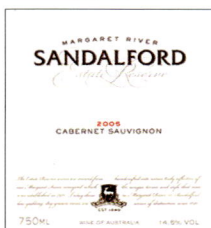

MARGARET RIVER
SANDALFORD

2005
CABERNET SAUVIGNON

750ML　WINE OF AUSTRALIA　14.5% VOL

当前年份：2004年　90/100

最佳饮用时期：2012−2026

　　这支充满活力的年轻赤霞珠散发着诱人的黑洋李、樱桃和莓果的香气，并伴着带雪杉气息的橡木味。单宁紧实柔顺、呈粉末状。紫罗兰、红醋栗和覆盆子的花香扑鼻而来，口感精致柔顺、平衡良好。

霞多丽（玛格丽特河）*Chardonnay (Margaret River)*

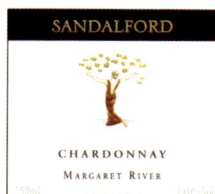

当前年份：2004年　85/100

最佳饮用时期：2005–2006+

这是一支忠于原始风格、稍甜、糖果气息突出的霞多丽。散发着黄油、柚子和菠萝的香气，口感直接、芳香馥郁但却十分粗糙，余味缺少新鲜度。

珍藏维德和（玛格丽特河）*Reserve Verdelho (Margaret River)*

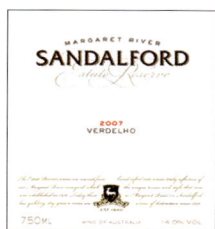

当前年份：2007年　91/100

最佳饮用时期：2009–2012+

此酒散发着白色干花、柑橘花、柔和的香草橡木味并伴有草本气息。口感柔滑、多汁绵密，带有成熟的瓜类、醋栗和柑橘的气息。余味干净，具有紧绷感，带有坚果和矿物的气息。是一支时髦且口感集中的葡萄酒。

Scotchmans Hill　苏格兰山岗酒园

苏格兰山岗酒园是非常成功的小型葡萄酒产业。它坐落在吉龙附近，紧靠墨尔本的Phillip Bay港口。近些年来持续的干燥气候使得葡萄种植不那么容易。然而，他们的葡萄酒依然有着典型的、醇正的种类特征，非常真诚与大方。

190 Scotchmans Road, Drysdale Vic 3222.
电话: (03) 5251 3176. 传真: (03) 5253 1743.
网址: www.scotchmanshill.com.au　邮箱: info@scotchmans.com.au
地区: 吉龙 (Geelong)酿酒师: Robin Brockett
葡萄栽培师: Robin Brockett 执行总裁: David & Vivienne Browne

黑比诺 （吉龙）*Pinot Noir (Geelong)*

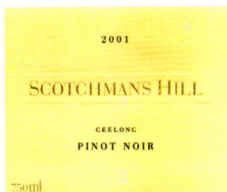

当前年份：2006年　88/100

最佳饮用时期：2008-2011+

　　这款不复杂、成熟和大方的黑比诺含有显得紧实和粗糙的单宁。它传递着成熟并且稍稍被烧煮过的水果味——以李子、樱桃和红色浆果为主，而香甜的、光滑的香草口味的橡木风味则起到衬托作用。柔和的、带着肉香和酸酸的水果味的口感有着一定的持久力。它会变得更加柔和，更具亲和力。

Shaw and Smith　肖和史密斯酒园

　　肖和史密斯现在只关注于三种葡萄酒——长相思、西拉和M3葡萄园霞多丽。它的M3采用特殊的工艺酿造，来保留它口味的清澈和绒毛般的、精致的、有活力的口感。它的酿造者把能缔造日久不衰的葡萄酒作为酿造这款霞多丽的首要目标。2007年出产的M3就非常出色。它的长相思符合酒厂设立的大众化标准。它强烈的果香和典型的风格让他保持着这一产区最好的作品之一的头衔。

Lot 4 Jones Road, Balhannah SA 5242.
电话: (08) 8398 0500. 传真: (08) 8398 0600.
网址: www.shawandsmith.com　邮箱: info@shawandsmith.com
地区: 阿德莱德山 (Adelaide Hills) 酿酒师: Martin Shaw
葡萄栽培师: Wayne Pittaway　执行总裁: Martin Shaw, Michael Hill Smith

M3葡萄园霞多丽 （阿德莱德山）
M3 vineyard Chardonnay (Adelaide Hills)

当前年份：2007年　95/100

最佳饮用时期：2012-2015

　　口感持续、温和、丝滑，这款精心打造，风格独特的霞多丽有着精巧、细微的花香和柔和的香水般的柠檬、香草、金银花和桂皮的香气，并且与黄油和香草香的橡木风味一起交织在一起。它柔顺、略微带有绒毛般的口感呈现出层次丰富的、内敛的柚子、瓜果的口味，略带明显的橡木风味和粗麦。回味持久、新鲜，有柠檬般的酸味，持久的果味和丁香。

长相思 （阿德莱德山） *Sauvignon Blanc (Adelaide Hills)*

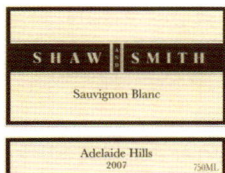

当前年份：2007年　93/100

最佳饮用时期：2007-2008

　　这是一款口味深厚，带有矿物质感的葡萄酒，同时也能体现出长相思葡萄品种的纯真特质。它以略似青草的形式表现出了瓜果、柑橘和醋栗的口味，同时带来丰富、持续、清澈的果味。它有圆润、多汁、持久、有矿物质感的口感，同脆爽的酸味交织在一起。它是宜人的、有活力的，能表现出重点和葡萄品种的酒。

西拉（阿德莱德山）*Shiraz (Adelaide Hills)*

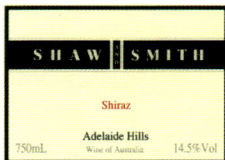

当前年份：2006年　94/100

最佳饮用时期：2014-2018+

　　这款有风格、重点、优雅的西拉被塑造成具有烟熏、可口和类似隆河谷的特征。它以辛辣和肉香的形式突出了黑樱桃、李子、黑莓和蓝莓的果味。酒体适中偏重。在精致、紧密的单宁的支持下，它流露出黑色水果的口味，同时伴有香甜、巧克力般的橡木风味的依托。让人陶醉于它复杂的丁香、肉桂、甘草和腌肉风味。

Suckfizzle　苏克菲则

　　苏克菲是与Augusta（位于玛格丽特河地区更为凉爽的南部地区）的种植地有着密切联系的品牌。该品牌的波尔多品种混调白葡萄酒具备了由橡木桶中陈酿带来的绵密感，口感持久，带有活泼的涩感。而它的赤霞珠则带有草本气息。

Lot 4 Gnaraway Road, Margaret River WA 6290.
电话: (08) 9757 6377. 传真: (08) 9757 6022. 网址: www.stellabella.com.au

邮箱: wines@stellabella.com.au 地区: Margaret River 酿酒师: Janice McDonald
葡萄栽培师: Travis Linaker 执行总裁: John Britton

长相思赛美蓉（玛格丽特河）
Sauvignon Blanc Semillon (Margaret River)

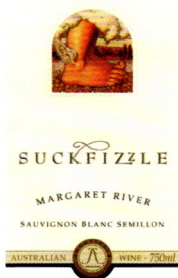

当前年份：2004年　93/100

最佳饮用时期：2006-2009

　　这是一支带有烟熏香草橡木气息的新世界混调白葡萄酒，散发着热情果、醋栗、柚子、柠檬的果香并伴有草本气息和橡木味。口感圆润柔滑，带有丰饶的黏稠感、精致的橡木气息和浓郁多汁的草本果味。余味持久干净，带有丰富的酸度。

Tahbilk　德宝庄

　　德宝庄是位于维多利亚中央地区Goulburn河河岸的一家历史悠久的葡萄园和酒厂。酒厂幸运地拥有许多大型酒窖以及古老的大型制桶场。酿酒师Alister Purbrick觉得这对打造德宝庄传统红酒的特色十分重要。世界上有多少真正拥有自己独特和突出风格的酒厂呢？德宝庄的酿酒业和葡萄种植业越进步，这个产区就越来越吸引人。近几个年份该酒厂酿制的玛珊酒非常新鲜活泼。

254 O' Niels Road, Tahbilk Vic 3608.
电话: (03) 5794 2555. 传真: (03) 5794 2360.网址: www.tahbilk.com.au
邮箱: admin@tahbilk.com.au地区: Nagambie Lakes 葡萄栽培师: Ian Hendy
酿酒师: Alister Purbrick, Neil Larson, Alan George 执行总裁: Alister Purbrick

1860年老树西拉（Nagambie Lakes）
1860 Vines Shiraz (Nagambie Lakes)

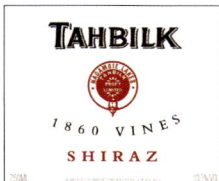

当前年份：2001年　90/100

最佳饮用时期：2013-2021+

　　此酒带有德宝庄特有的丰富果味，是一支传统风格、口感紧实、适合窖藏的西拉。精致的花香交织着樱桃、红洋李、皮革气息以及带雪杉气息的橡木味。突出的单宁带来绵长的水果甜味。余味偏干，口感紧实，风味极佳。

赤霞珠（Nagambie Lakes）*Cabernet Sauvignon (Nagambie Lakes)*

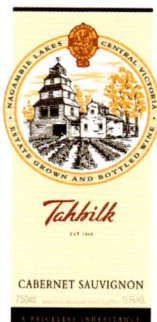

当前年份：2000年　90/100

最佳饮用时期：2008－2012＋

这支口感紧实、酒体饱满的赤霞珠散发着黑莓、黑醋栗和红色浆果的甜美香气和带雪杉气息的橡木味。单宁活泼，呈沙砾口感。此酒比大多数德宝庄的红酒更加成熟多汁。余味带有干草本的气息。

玛珊（Nagambie Lakes）*Marsanne (Nagambie Lakes)*

当前年份：2004年　92/100

最佳饮用时期：2012－2016

此酒是该品牌迄今最优质的葡萄酒。散发着坚果、金银花和柑橘的香气，并带有轻微的还原物和石头的气息。酒体略显单薄但十分优雅。柑橘和柠檬果味带来的矿物口感持久干涩。余味干净、风味极佳并带有活泼的酸度。如果条件允许，可以多储藏几年。

珍藏西拉（Nagambie Lakes）*Reserve Shiraz (Nagambie Lakes)*

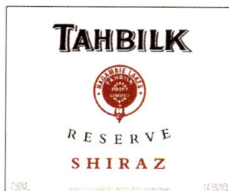

当前年份：2001年　91/100

最佳饮用时期：2013－2021＋

此酒强劲、带肉味和泥土气息，散发着黑巧克力、干草本、雪杉和香草气息但果味欠缺。口感略显粗糙，但带有橡木桶陈酿和瓶中陈年所带来的深邃李子果味。

西拉（Nagambie Lakes）*Shiraz (Nagambie Lakes)*

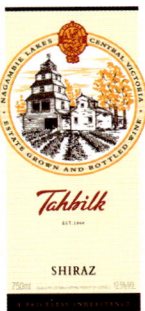

当前年份：2001年　88/100

最佳饮用时期：2009-2013

这支口感紧实、香气馥郁的西拉散发着覆盆子、樱桃、李子的香气并伴有草本和白胡椒的气息以及一丝橡木味。酒体中等至饱满，口感辛辣，略显单调，但持久度良好，余味带有绵长黑莓和李子的果味，单宁紧实。

Taltarni 塔尔塔尼

虽然塔尔塔尼的酿酒队伍近年来一直在不停地变化，但是它的拥有权始终掌握在John Goelet的手中，他同时还拥有着塔尔塔尼的姐妹庄——位于纳帕谷的Clos du Val酒庄。塔尔塔尼的风格与Clos du Val十分相近，该酒庄的酒恰到好处、精致、陈年缓慢稳定，通常在大型橡木桶中陈年，很少会出现过熟的现象。

Taltarni Road, Moonambel Vic 3478.
电话: (03) 5459 7900.　传真: (03) 5467 2306.　网址: www.taltarni.com.au
邮箱: info@taltarni.com.au　地区: 帕洛利(Pyrenees)　酿酒师: Loïc Le Calvez
葡萄栽培师: Kym Ludvigsen　执行总裁: Adam Torpy

Brut （维多利亚，塔斯马尼亚）*Brut (Victoria, Tasmania)*

当前年份：2005年　90/100

最佳饮用时期：2007-2010

此酒新鲜、口感持久、精致，带有桃子、瓜类和柑橘水果的活泼、带坚果和奶油气息的香气。口感柔滑优雅带有轻微的烘烤味和绵长的活泼柑橘和瓜类风味。此酒果味突出，细腻绵密。虽然发酵带来的复杂度并不多，但是口感清爽、带紧绷感，非常提神。

赤霞珠 (帕洛利) *Cabernet Sauvignon (Pyrenees)*

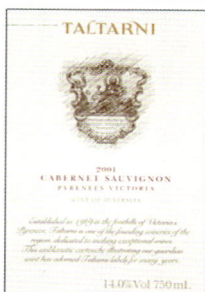

当前年份：2002年　88/100

最佳饮用时期：2010–2014

　　这支中等至饱满酒体的赤霞珠带有轻微的草本香气、细腻、口感颗粒状。此酒散发着精致的黑/红浆果的香气和带雪杉的橡木味并伴有肉味、秋天的气息。口感柔顺多汁、呈粉末状、果味丰富。此酒细腻优雅，但是草本气息过重，不然得分会更高。

长相思（维多利亚，塔斯马尼亚）（帕洛利）
Sauvignon Blanc (Pyrenees)

当前年份：2006年　88/100

最佳饮用时期：2007–2008

　　此酒芳香馥郁、带有轻微的草本气息，呈粉末状口感。散发着醋栗、瓜类和酸橙汁的香气。口感刺激，持久度中等，余味带有宜人的湿板岩气息。不算一支差酒，但是酒体应该可以明亮度更好些.

西拉（帕洛利） *Shiraz (Pyrenees)*

当前年份：2003年　89/100

最佳饮用时期：2017–2023

　　这支强劲、色泽浓郁、带有肉味的西拉具有发展成粗犷、带皮革气息的复杂度的不俗潜力。散发着李子、黑莓和醋栗的野味和甜美的橡木气息，并伴有香草、丁香和白胡椒的气息。口感饱满、带有成熟水果的风味和带有红辣椒气息的单宁，余味带有干涩的收敛感。

三僧侣梅鹿辄（维多利亚） *Three Monks Cabernet Merlot (Victoria)*

当前年份：2005年　89/100

最佳饮用时期：2013-2017

此酒迷人浓郁、枣子的气息突出。带有黑醋栗、黑莓和黑洋李的浓郁、薄荷香气。单宁紧实、带有干涩感。口感带有雪杉、黑巧克力的气息。这支酒的表现显然胜于其被低估的价格所能代表的品质。

Tapanappa 塔娜

Brian Croser和他的家族联合法兰西首席香槟（Champagne Bollinger）和百鳞翅古堡的Cazes家族共同建立了塔娜，以此来重点体现南澳大利亚的风土特点。首先是位于皮卡迪利山谷（Piccadilly Valley）的Tiers葡萄园。这个由Croser家族掌控着的葡萄园同时为葡萄之路（Petaluma）的旗舰品牌Tiers霞多丽提供葡萄。再者就是古老的Koppumurra葡萄园——这个位于拉顿布里东南部的中心地带的葡萄园。现在这葡萄园被重新命名为鲸须（Whalebone）葡萄园，是口感丰满厚实的梅鹿辄和赤霞珠西拉之家。

PO Box 174, Crafers SA 5152.电话: 0419 843 751. 传真: (08) 8370 8374.
网址: www.tapanappawines.com.au　邮箱: tapanappawines@adelaide.on.net
地区: 阿德莱德山（Adelaide Hills），拉顿布里（Wrattonbully）
酿酒师: Brian Croser 葡萄栽培师: Brian Croser 执行总裁: Brian Croser

鲸须葡萄园赤霞珠西拉 （拉顿布里）
Whalebone Vineyard Cabernet Sauvignon Shiraz (Wrattonbully)

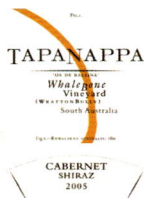

当前年份：2005年　93/100

最佳饮用时期：2017-2025

持久、精致、可口，这款葡萄酒具有辛辣、薄荷和薄荷脑般的浓郁黑莓、红莓、紫罗兰和巧克力、雪松般的橡木醇香，伴随着细微的烟熏和摩卡的气息。非常的成熟，它的口感深厚，有着黑李子和浆果、野果和烟熏木的风味，伴随着紧实的单宁和可口的法国橡木的风味。随着醉人的混合了过熟和青绿的水果味，它的回味浓郁、持久。

Taylors 泰来斯

这个庞大的、具有竞争力的克莱尔谷葡萄酒酿造者时不时地推出一些贴着主线品牌标签的、可口的年轻葡萄酒，同时也出产昂贵的、具有澳大利亚传统风格的泰来斯酒王系列（St. Andrews）。2005年的经典平衡的泰来斯酒王雷司令可能是我尝试过的最好的泰来斯葡萄酒。

Taylors Road, Auburn SA 5451. 电话: (08) 8849 1100. 传真: (08) 8849 1199.
网址: www.taylorswines.com.au 邮箱: cdoor@taylorswines.com.au
地区:克莱尔谷（Clare Valley）酿酒师: Adam Eggins, Helen McCarthy
葡萄栽培师: Ken Noack, Colin Hinze 执行总裁: Mitchell Taylor

赤霞珠 （克莱尔谷） *Cabernet Sauvignon (Clare Valley)*

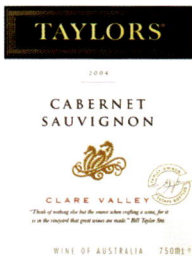

当前年份: 2006年 81/100

最佳饮用时期: 2008–2011

带着肉香、老化和蜜饯的香气，这款显得有些疲累，以葡萄干和加仑般的形式表现出了干果和烟灰般的橡木风味。单宁生硬。缺乏持久性和醇正的成熟水果气息。

雷司令 （克莱尔谷） *Riesling (Clare Valley)*

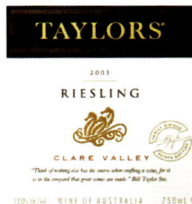

当前年份: 2006年 88/100

最佳饮用时期: 2011–2014

带着花香和麝香气息，这款酒的香气结合了青柠、肉桂和茶叶的气息，引领出多汁、直接、略带糖果气息的果味以及柑橘般的刺激酸味。它持久、纯真并且节奏鲜明。

西拉（克莱尔谷） *Shiraz (Clare Valley)*

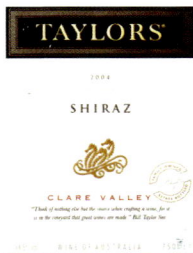

当前年份：2006年　90/100

最佳饮用时期：2008-2011+

　　成熟、多汁、大方，这款带着肉香、野果味的西拉呈现出带着烟熏香气的黑莓、覆盆子、红加仑和黑李子的香气，伴随着香草、薄荷巧克力的橡木风味。口感持久、润滑，具有浓郁的野果和光滑的橡木风味。单宁紧实、精致。回味宜人、长久，结构鲜明并且有着酒精带来一丝的温热。

泰来斯酒王赤霞珠 （克莱尔谷）
St Andrews Cabernet Sauvignon (Clare Valley)

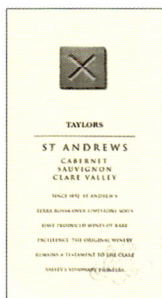

当前年份：2002年　96/100

最佳饮用时期：2004-2007

　　一个具有澳大利亚传统风情的红酒，它呈现出浓郁的黑色水果、果酱般的李子、橄榄和加仑的香气，伴随着一丝薄荷、香料的气息。目前看来有些疲惫，失去了新鲜度，它的口感还凝聚着明显的李子和浆果的水果口味。但已初现端倪开始流失，而紧实、强烈的单宁则显得非常明显。

Terra Felix　泰拉菲力

　　泰拉菲力（Terra Felix）是一个非常有活力的葡萄酒公司，竭力于打造塔拉洛科地区的葡萄酒。它着重于酿制隆河谷的葡萄品种。它的葡萄主要来源于位于维多利亚上高宝谷地区的多个小型家族葡萄酒园。他们的葡萄酒通常物超所值，通常有着成熟、大方的口感的葡萄酒表现出酿酒师追求完美的态度。其中2007年的E' Vette's Block幕尔维德（90/100，最佳饮用时期：2009——2012）就是很好的例子。

c/- Dabyminga, 1/140 Ennis Road, Tallarook Vic 3659.

电话: (04)1953 9108.网址: www.terrafelix.com.au　邮箱: info@terrafelix.com.au

地区：（上高宝谷）Upper Goulburn 酿酒师: Terry Barnett 执行总裁: Peter Simon

西拉维欧尼（上高宝谷）*Shiraz Viognier (Upper Goulburn)*

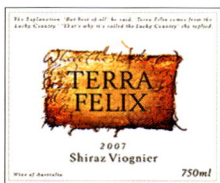

当前年份：2006年　88/100

最佳饮用时期：2008-2011

　　这是款成熟、多汁和大方的红葡萄酒有着花香和紫罗兰的香气，伴随着香甜醋栗、红加仑、覆盆子和雪松、香草般的橡木风味。它相对丰富的口感有着精致、干型的单宁。它的回味有着黑李子、浆果和甘草风味。

Torbreck　托布雷酒园

　　品尝托布雷酒园（Torbreck）葡萄酒就如同经历一次有趣的旅行。它们的葡萄酒以惊人的浓郁香气和具有着重点的结构，让人难以抵挡它的诱惑。随着时间的推移，经过酿酒师David Powell和他的团队的共同努力，通过推迟采摘的日期来丰富葡萄的风味，使得它们的葡萄酒有着更进一步的改善。就我看来，以这种方式来提高葡萄酒的丰满和复杂程度最终能让托布雷酿造出最好的葡萄酒。我非常喜欢它们，但同以前相比，热情略有减退。无论如何，2005年的均田制（RunRig）还是一款非常出色的葡萄酒。

Roennfeldt Road, Marananga SA 5356.
电话l: (08) 8562 4155. 传真: (08) 8562 4195.网址: www.torbreck.com
邮箱: dave@torbreck.com地区:布诺萨谷（Barossa Valley）
酿酒师: David Powell, Craig Isbel 葡萄栽培师: Michael Wilson 执行总裁: David Powell

青春干红（布诺萨谷）*Cuvée Juveniles (Barossa Valley)*

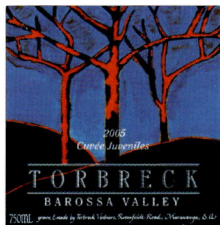

当前年份：2007年　89/100

最佳饮用时期：2008—2009

　　辛辣和花香，它散发着蓝莓、红樱桃和黑李子的香气。这款由歌海娜、幕尔维德和西拉混合而成的南隆河谷类型混合酒润滑、多汁、容易被饮用，并带着细微的甘草、五香的风味。口感比较黏稠。余味持久，带着浓郁的黑色水果味和精致、柔和的单宁。

二世 （西拉维欧尼）(布诺萨谷)
Descendant (Shiraz Viognier) (Barossa Valley)

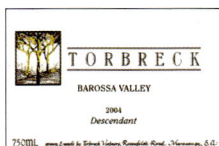

当前年份：2006年　90/100

最佳饮用时期：2011-2014

　　这是一款经典的、现代的托布雷红葡萄酒。极度浓郁的果香，伴随着略显生硬、毛糙的单宁。它具有浓烈的辛辣和麝香的风味，奢华的黑莓、醋栗、黑巧克力、杏子和加仑的香气，同时伴随着略带温热的酒精味以及缓缓释放出的黑樱桃的气息。它的口感起初显得非常深厚，让人印象深刻，可是不够持久，显得有些棱角，并且口感偏干。于是就不能再给予更高的分数。

均田制 （西拉维欧尼）（布诺萨谷）
RunRig(Shiraz Viognier) (Barossa Valley)

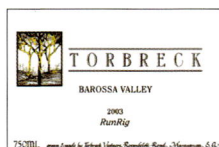

当前年份：2005年　95/100

最佳饮用时期：2013-2017

　　极度成熟的水果，让人赞叹的浓郁和奢华，这款近期来最出色的均田制表现出狂野的野果和浓烈的麝香风味。带着花香气息的酒香扑鼻，呈现出含有一丝维欧尼的特点。它丰富的香水般的野果、黑橄榄和肉香，带来持久、完美无缺和层次丰富的味觉享受。余味酒精味明显，显得狂野，伴随着细微的矿物质感，而少许葡萄干、加仑和蜜糖的风味，显示出带有稍稍老化的迹象。

管家 （布诺萨谷） The Factor (Barossa Valley)

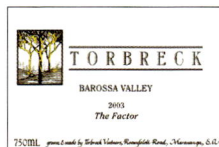

当前年份：2006年　88/100

最佳饮用时期：2011-2014

　　这款具有影响力的、非常成熟的西拉表现的带有糖浆和波特酒的特点。它以覆盆子、醋栗、加仑和葡萄干的水果香味呈现出烟熏、薄荷和薄荷脑的香气，伴随着细微的丁香、肉桂和糖浆的气息。它浓郁的口感伴随着香甜的、香草般的橡木风味和精致、柔顺的单宁。可是却明显地缺乏结构感。带着老化味和肉香，它显得不够新鲜和明亮。

小农庄（布诺萨谷）*The Steading (Barossa Valley)*

当前年份：2006年　90/100

最佳饮用时期：2011-2014

这款由歌海娜、幕尔维德和西拉组成的隆河谷类型混合酒显得优雅、精致、柔和，并且口感偏干。它以蓝莓、醋栗和李子般的水果味呈现出辛辣、略带肉香的香气，伴随着精致、粉尘般的单宁和细微的烘烤过的泥土、肉桂、丁香、紫罗兰和白胡椒的气息。略微显得有些生硬，但是口感却非常持续。余味带着细微的糖果味，香甜的、醉人的干果味和沥青味。

丝蕾山（布诺萨谷、伊顿谷）
The Struie (Barossa Valley, Eden Valley)

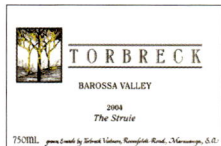

当前年份：2006年　91/100

最佳饮用时期：2014-2018

非常成熟的水果，并且稍稍显得有些波特酒的风味，这款具有老化味、细致的西拉似乎是用收干的、口味丰富的葡萄酿造而成的。它的辛辣、茶叶罐和丁香的香气，伴随着葡萄干、加仑的果香。它的口感缺少个性化的魅力，但却紧实、带着白垩质感。余味可口、丰满。

Tyrrell's 天壤

天壤酒庄是下猎人谷传统葡萄酒风格的维护者，酿制早期采摘、不经橡木桶处理的赛美蓉和具备肉香、皮草气息、酒体适中偏重的西拉。为此，它以稳定的、能表现出不同风土特征的赛美蓉和西拉，成功地赢得了赞赏。2005年的VAT 1就是一款进化成具有天壤酒庄特色的、典型的、能长期窖藏的赛美蓉。通过窖藏一支没有经过橡木工艺、早期采摘的赛美蓉，让它变得口感更丰富、复杂并且带有特级白勃艮第般的香水味，这几乎是难以置信，可是天壤酒庄却做到了。天壤酒庄同时也酿造澳大利亚最优雅、复杂，最具窖藏潜力的霞多丽（VAT 47）。

Broke Road, Pokolbin NSW 2320. 电话: (02) 4993 7000. 传真: (02) 4998 7723.
网址: www.tyrrells.com.au　邮箱: info@tyrrells.com.au
地区:下猎人谷（Lower Hunter Valley）酿酒师: Andrew Spinaze, Mark Richardson
葡萄栽培师: Cliff Currie, Andrew Pengilly　执行总裁: Bruce Tyrrell

Lost Block 赛美蓉 （下猎人谷）
Lost Block Semillon (Lower Hunter Valley)

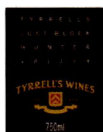

当前年份: 2007年　86/100

最佳饮用时期: 2009-2012

　　柔和、易饮，它具有一定浓郁的柠檬冰霜、瓜果和烟草的香味。味蕾中端有些缺失，余味有着宜人干型口感和白垩质感。

Vat 1 赛美蓉 （下猎人谷）
Vat 1 Semillon (Lower Hunter Valley)

当前年份: 2002年　95/100

最佳饮用时期: 2014-2022

　　长久、润滑、可口，这款有着少许烤土司和蜂蜜般的香气，伴随着柠檬、瓜果、蜡的芳香和烟熏、肉香的气息。令人惊奇的多汁和大方，但却不失它的优雅形态。余味带着可口的奶油软糖味，伴随着持久的柠檬水果味和少许的烟草味。具有典型的地域风格。

Vat 8 西拉赤霞珠 （下猎人谷，满吉）
Vat 8 Shiraz Cabernet (Lower Hunter Valley, Mudgee)

当前年份: 2004年　90/100

最佳饮用时期: 2009-2012+

　　柔和、迷人、口感慢慢舒展开来，这款粗犷的、传统风格的红葡萄酒展现着泥土、皮草和巧克力的香气，带有红色、黑色浆果和李子的果味以及细微丁香、肉桂的辛辣气息。它口感优雅、柔和，有着宜人的持久口感，老橡木桶的风味和精致、浓郁的单宁。回味持久，有着丰富的水果味和活跃的酸味。

Vat 9 西拉 （下猎人谷） Vat 9 Shiraz (Lower Hunter Valley)

当前年份：2002年　95/100

最佳饮用时期：2010-2013+

　　一个拘谨的、稳定的、优雅的西拉，它散发着悦人的花香和辛辣的香水味，伴随着红色浆果和李子的果味和略微还原的烟熏培根、雪松和香草般的橡木味。它多汁、如同糖果般的口感，带着持久的浆果口味，精致、丝滑般的单宁和持久的肉香。余味可口，带有烟熏味和迷人柔和的单宁。

Vat 47 霞多丽 （下猎人谷）
Vat 47 Chardonnay (Lower Hunter Valley)

当前年份：2005年　92/100

最佳饮用时期：2010-2013+

　　具有紧凑的如同香草和坚果般香气的橡木风味，这款风格独特、重点鲜明的霞多丽展现出悦人的瓜果和核果般的香水味，伴随着柑橘花般的油蜡气息。它的口感持久、柔和、精致、优雅，伴随着鲜明的柠檬酸味和持久的果香。回味稍显生硬，略带金属感。

Vasse Felix　菲力士

　　菲力士是玛格丽特河酒区最古老和领先的葡萄酒酿造者之一。酿酒师 Virginia Willcock 已经有了一个好的开始，在2007年酿造出一系列优质的白葡萄酒。其中包括经过少许橡木工艺处理的、带着少许青草味的2007年长相思赛美蓉——被认为具备一定水准的白葡萄酒。酒庄的"珍藏"系列葡萄酒现在被贴上了Heytesbury标签。

A B C D E F G H I J K L M N O P Q R S T U V W X Y Z

Corner Caves Road, and Harmans Road South, Cowaramup WA 6284.

电话: (08) 9756 5000. 传真: (08) 9755 5425. 网址: www.vassefelix.com.au

邮件: info@vassefelix.com.au   地区: 玛格丽特河 (Margaret River)

酿酒师: Virginia Willcock 葡萄栽培师: Bart Maloney 执行总裁: Paul Holmes à Court

霞多丽 （玛格丽特河） *Chardonnay (Margaret River)*

当前年份: 2006年　81/100

最佳饮用时期: 2007-2008

清淡的香气——梨、热带水果、腰果和甜玉米般的水果味，在带有尘土、香草口味的橡木风味下，呈现着简陋、不光滑的口感。它粗糙的、几乎平淡的水果味带着青涩橡木。而回味也缺乏清澈、新鲜感。

海特斯布瑞赤霞珠混合酒 （玛格丽特河） *Heytesbury Cabernet Blend (Margaret River)*

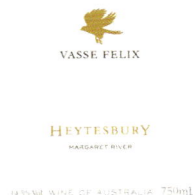

当前年份: 2004年　95/100

最佳饮用时期: 2012-2016

风格独特、精准并且非常优雅，这款上等、华丽的赤霞珠有着强烈的紫罗兰般的香味。在香甜的、带着雪松和香草味的橡木风味的衬托下，它散发着醋栗、樱桃利口酒和干香料的芳香。温和、丝滑，它的口感证明了它有着强烈的、完美无瑕的、持续长久的水果核心，同时少许粉末状、紧实、精致的单宁。回味带着一些薄荷、黑橄榄的口味。它已经非常容易被亲近，也有较好的平衡感。

长相思赛美蓉（玛格丽特河） *Sauvignon Blanc Semillon (Margaret River)*

当前年份: 2007年　95/100

最佳饮用时期: 2009—2012

这是一个有着尘土、烟熏风味的混合葡萄酒。它展现出带着烤面包气息的醋栗、瓜果、荔枝、西番莲(激情果)的水果味。同时少许的青草香气衬托着带有香甜香草和饼干气息的橡木风味。非常突出的香气和浓度同样显得精致、优雅，带有奶油的清香和润滑。在清新的柠檬酸味的环绕下，它的口感显得持久、清爽、刺激。持久的水果味和荨麻类的草香。

西拉（玛格丽特河） *Shiraz (Margaret River)*

当前年份：2005年   86/100

最佳饮用时期：2010-2013

这是一款成熟的、带着肉类香气的西拉。它有鲜红色樱桃、黑莓和番茄一般的水果味，而香甜、烟熏般的橡木风味起到了衬托的作用。同时，也泛着少许薄荷脑、辛辣、树叶、香料的气息。酒体适中偏重，它的橡木风味和黑色水果香气缺少纯真的重点和持久力。

Voyager Estate   伏亚格庄园

这个坐落在玛格丽特河的酒庄有惊人发展，已经成为这个酒区最好的酒庄之一。随着又一个耀眼的2003年份的推出，它的赤霞珠梅鹿辄继续坚固它在这个产区出产的精英葡萄酒中的地位。而它的西拉几乎让我重新思考我长久以来观点——西拉不适合在玛格丽特河种植。2004年的霞多丽是一款来自优秀年份的上等葡萄酒。

Stevens Road, Margaret River WA 6285.

电话: (08) 9757 6354. 传真: (08) 9757 6494.

网站: www.voyagerestate.com.au   邮箱: wine@voyagerestate.com.au

地区: 玛格丽特河 (Margaret River)酿酒师: Cliff Royle

葡萄栽培师: Steve James 执行总裁: Michael Wright

赤霞珠梅鹿辄 （玛格丽特河）
Cabernet Sauvignon Merlot (Margaret River)

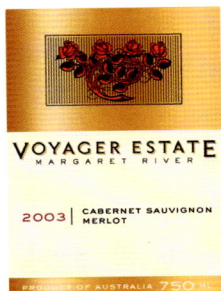

当前年份：2003年　96/100

最佳饮用时期：2015-2023

　　与用软木塞封瓶的同样的酒相比，它有更深的颜色，有着更多的红宝石的色泽。这是一款上等的、完美的玛格丽特河出产的赤霞珠，有着无限的潜能。香气扑鼻，有着少许烟熏和肉类的香气，同时也有如同香水般的黑李子、樱桃和醋栗的香味。同时，细微的丛林覆被植物香味、摩卡、留兰香的香气和带着铅笔屑的橡木风味更是起到了衬托的作用。它的口感持续长久，柔顺。它有活力、深厚的果味和精巧的制作工艺，体现了冲击力与结构的少见的结合，带着优雅和平衡。葡萄酒用螺旋塞封瓶。

霞多丽（玛格丽特河）Chardonnay (Margaret River)

当前年份：2004年　96/100

最佳饮用时期：2009-2012

　　这是一款平衡的、风格独特的、重点明显的霞多丽。它细腻，带着坚果般的瓜果、香草橡木和奶油硬糖的香味夹带着微微培根和黄麻的风味。丝滑般的柔顺，它多汁、饱满的口感有着苹果、梨和青柠汁以及带着奶油风味的桃子类水果味。同时，紧凑的香草橡木气息和暗暗的丁香和肉桂的香气给水果味起到衬托作用。它的余味持久、可口且十分清新。

长相思赛美蓉（玛格丽特河）
Sauvignon Blanc Semillon (Margaret River)

当前年份：2007年　91/100

最佳饮用时期：2008-2009

　　它的香气显得略带尘土、香料以及荨麻类草香的气息。醋栗、瓜果和烟草的香气引领出徐徐青草和芦笋的香气。它口感柔顺、多汁、饱满和华丽，带来以热带水果味为主体的持久地的果味。清新的柠檬酸味和持久的青草味则是回味的主题，却带着少量的金属味和酸甜味。

西拉（玛格丽特河） *Shiraz (Margaret River)*

当前年份： 2004年　96/100

最佳饮用时期： 2009–2012

　　这是一支平衡的、酿造优质的西拉。它的香气有着香甜红色、黑色浆果、醋栗、李子和香甜香草/雪松的橡木风味，夹带着深层的辛辣、胡椒风味。同时呈现出少许带着麝香味的兽皮和番茄的风味。它的口感持久、紧实，给人重点明显的感觉。但在精致的单宁的框架下，有略显棱角的带着番茄和香料的水果味和精美的新橡木风味。

Wolf Blass　禾富酒园

　　现代的禾富酒园品牌拥有一系列级别高低分明的商标，包括最高级、最精致的黑牌和白金牌系列。持续的干旱天气使得保持葡萄的浓郁风味变得更困难，导致产品时常会带有一些便宜葡萄酒的痕迹，但是2006年出产的灰牌赤霞珠确实表现出非常优美的风味。

Sturt Highway, Nuriootpa SA 5355. 电话: (08) 8568 7303. 传真: (08) 8568 7380. 网址: www.wolfblass.com.au　邮件: cellardoor@wolfblass.com.au
地区：兰好乐溪（Langhorne Creek），布诺萨谷（Barossa Valley），南澳大利亚其他各个产地（Various SA）酿酒师: Caroline Dunn, Chris Hatcher, Kirsten Glaetzer, Wendy Stuckey 葡萄栽培师: Stuart McNab 执行总裁: Jamie Odell

金牌雷司令（克莱尔谷，伊顿谷）
Gold Label Riesling (Clare Valley, Eden Valley)

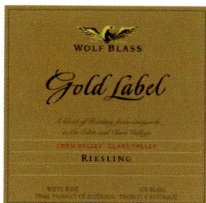

当前年份： 2007年　85/100

最佳饮用时期： 2008–2009

　　略带糖果味，这款直接、具有一定浓郁香气的雷司令的口感相对短促，带着柠檬般的水果和白垩质、矿物质感的气息。余味显得有些平淡。

金牌霞多丽（阿德莱德山）*Gold Label Chardonnay (Adelaide Hills)*

当前年份：2006年　87/100

最佳饮用时期：2007–2008

酿酒师们非常努力地保留了浓厚的水果味，这款霞多丽有着另类、略带糖果气息的柚子、桃子和瓜果的芬芳，同时也稍稍有些青涩。大方而香甜的水果味，它优美的橡木般的味蕾有着多汁的瓜果、桃子和柚子的风味，缺少一定的持久力和重点。水果味稍稍有些褪却，凸现出粉尘、未成熟的口感，同时伴随着坚果和奶香般的气息。

黑牌（南澳大利亚）*Black Label (South Australia)*

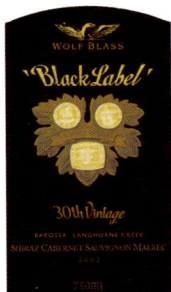

当前年份：2003年　89/100

最佳饮用时期：2011–2015

色泽浓郁、口感丰富，这款黑牌禾富具有浓郁的黑李子、醋栗和蓝莓的风味，同时也有橡木带来的香草、烟熏生蚝、巧克力和摩卡般香气的冲击。带着少许的桉叶、薄荷和薄荷脑的香气，这是一款风格传统的浓厚的红葡萄酒，它的水果味更加偏向于浓缩的、葡萄干似的和加仑般的形式，具备这醇正的鲜明和浓郁特点。回味略显棱角和生硬，还有一些盐味。

灰牌赤霞珠（兰好乐溪）
Grey Label Cabernet Sauvignon (Langhorne Creek)

当前年份：2005年　88/100

最佳饮用时期：2010—2013

风格独特、精心打造，具有突出的留兰香的地区特征，这款柔和、优雅、口感浓郁的赤霞珠迸发出新鲜的醋栗、黑李子和黑色浆果的风味。在优美的黑巧克力和摩卡般的橡木风味和紧实、粉末状的单宁的衬托下，它口感显得多汁，余味紧凑，具有鲜明的水果味。

灰牌西拉（迈拉仑维尔）*Grey Label Shiraz (McLaren Vale)*

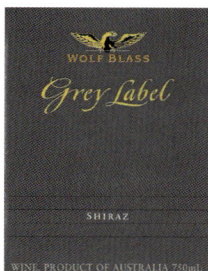

当前年份： 2005年　88/100

最佳饮用时期：2007-2010

　　运用经典的酿造工艺，把香甜的、烘焙香草般的橡木风味以及柔和的单宁同成熟、大方、多汁的、来自于西拉的黑色水果结合在一起。它李子、黑莓和醋栗般的口味缺乏味蕾的影响力。同众多2005的红葡萄酒一样，它因缺乏高质量的水果风味而不能得到更高的评分。

白金牌西拉（南澳大利亚）*Platinum Label Shiraz (South Australia)*

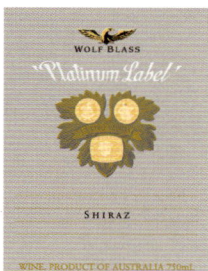

当前年份： 2004年　89/100

最佳饮用时期：2009—2012+

　　烟熏、咖啡般的香气，伴随着醋栗、李子干和李子的芳香，表现出温和的酒精气息，以及细微的烟熏生蚝般的橡木风味和茶叶罐的气息。浓郁、充满着稠厚的李子般的水果味，它的口感奢华、浓郁。余味中，果味稍稍有些褪却，凸现出一丝生硬的单宁和酒精味。似乎没有较长的窖藏潜力，它显得有些过于浓郁。尽管有着深厚、丰富的口感，但是却缺乏精致和平衡感。

红牌西拉赤霞珠（来自各个地区）
Red Label Shiraz Cabernet Sauvignon (Various)

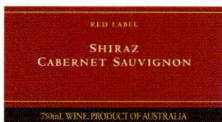

当前年份： 2006年　86/100

最佳饮用时期：2007-2008

　　单薄、具有陈年的气息，这款酒口味简单，带着辛辣、红色浆果和李子的果味，伴随着雪松、香草般的橡木味。它口感润滑，橡木味明显，但是缺乏持久力和结构感。

A B C D E F G H I J K L M N O P Q R S T U V W X Y Z

黄牌赤霞珠（南澳大利亚）
Yellow Label Cabernet Sauvignon (South Australia)

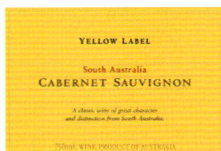

当前年份：2006年　87/100

最佳饮用时期：2008-2011+

　　醇正、口味丰富，有着些许的优雅和风格，这款酒体适中的赤霞珠展现出花香、带着少许烤土司风味的香水味，伴随着黑色和红色浆果的果香以及香草般的橡木风味和少许的青草气息。它口感润滑、成熟、简单，有着香甜的水果味和橡木味，同时有着具有一定紧实度、精致的单宁。回味具有少许的加仑味。

黄牌雷司令（南澳大利亚）　*Yellow Label Riesling (South Australia)*

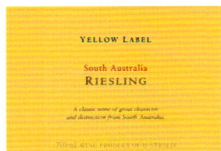

当前年份：2006年　87/100

最佳饮用时期：2008-2011

　　脆爽、清新、早期熟化，这款酒有着略微的烤土司味和有质感的花香气息，伴随着多汁的青柠、苹果和柠檬般的水果味。有着爽身粉和糖果类的气息，口感属于干型，宜人、持久、有框架。这是一款容易饮用的、宜人的葡萄酒。

Wyndham Estate　云咸酒庄

　　如同杰卡斯酒庄，云咸庄园也隶属于保乐力加集团旗下。它的多区域混合型Bin系列葡萄酒典型地忠于葡萄品种特征，提供宜人的口味和风格并且适合饮用。

Dalwood Road, Dalwood NSW 2335. 电话: (02) 4938 3444. 传真: (02) 4938 3555. 网址: www.wyndhamestate.com.au 地区: 各个地区，下猎人谷(Lower Hunter Valley) 酿酒师: Sam Kurtz, Tony Hooper, Andrew Miller 葡萄栽培师: Stephen Guilbaud-Oulton 执行总裁: Jean-Christophe Coutures

Bin 222霞多丽 （来自不同产区） *Bin 222 Chardonnay (Various)*

当前年份：2005年　87/100

最佳饮用时期：2005-2006+

　　这个干净、清脆、线条明显的霞多丽有着桃子、少许热带水果和奶油水果的口味。新鲜的腰果、香草般的橡木风味结合了多汁、强度适中的口感。余味清新，持久，带有奶香。

Bin 555西拉 （来自不同产区） *Bin 555 Shiraz (Various)*

当前年份：2005年　87/100

最佳饮用时期：2007-2010

　　柔软、温和并且大方，这款适合早期饮用的西拉有些简单，能一饮而尽。它以少许带着肉香和胡椒风味的形势表现出深色浆果、李子和内敛的香草、巧克力般的橡木风味。口感柔和、多汁，有着成熟的黑色水果风味，它呈现出少许类似加仑干的水果味，只是酸度有些疲软，并且酒体消散得太快。

Wynns Coonawarra Estate 酝思库瓦拉山庄

　　酝思库瓦拉山庄是一个经典的澳大利亚葡萄酒品牌。它坐落在南澳大利亚东南部的卡纳瓦拉酒区。它是澳大利亚知名度最广泛，最被认同的品牌之一。如今，它正从大量的对历史悠久的、庞大的葡萄园的投资中获取收益。如同许多库拉瓦拉酒区的经典之作一样，他们最好的红酒显得十分优雅并且有陈酿潜力。

Memorial Drive, Coonawarra SA 5263. 电话: (08) 8736 3266. 传真: (08) 8736 3202. 网址: www.wynns.com.au地区: 库拉瓦拉 （Coonawarra） 酿酒师: Sue Hodder 葡萄栽培师: Suzanne McLoughlin 执行总裁: Jamie Odell

A
B
C
D
E
F
G
H
I
J
K
L
M
N
O
P
Q
R
S
T
U
V
W
X
Y
Z

赤霞珠（库拉瓦拉） *Cabernet Sauvignon (Coonawarra)*

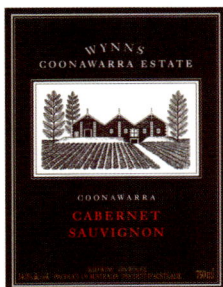

当前年份：2005年　95/100

最佳饮用时期：2017-2025+

　　这是一款精致、优雅的库拉瓦拉赤霞珠。它有着成熟、花一般的香味，呈现出醋栗、黑莓、黑巧克力和雪松、香草般的橡木风味，并且带着醉人的糖果气息。相当成熟且温和、柔顺的口感，它持久、饱满并且无瑕疵。有活力的、小的黑色浆果、桑葚和李子的果味同香草、雪松般的橡木风味紧密交织在一起。酒体适中偏重，有着紧实、柔顺的单宁组成的框架。这是一款有风格、境界的葡萄酒。

赤霞珠西拉梅鹿辄（库拉瓦拉）
Cabernet Shiraz Merlot (Coonawarra)

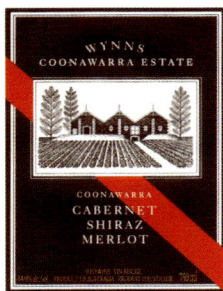

当前年份：2006年　88/100

最佳饮用时期：2011-2014

　　它有着香甜的水果气息。在略带烤面包、雪松和香草般的橡木风味衬托下，它呈现出新鲜的醋栗、黑莓和李子的果味，并且稍稍带着留兰香风味和精致、粉尘状单宁。这款温和、柔顺和可亲近的混合红酒有着适中的酒体。它回味持久、新鲜和丰富口味。

霞多丽（库拉瓦拉） *Chardonnay (Coonawarra)*

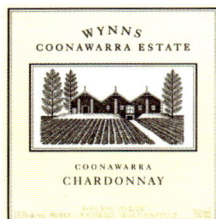

当前年份：2005年　90/100

最佳饮用时期：2007-2010

　　精心酿制，优雅清新。这款优质现代澳大利亚霞多丽有着香料般的香气，伴随着白桃、柚子和油桃气息，同时暗藏着腰果、香草般的橡木风味。它口感持续、精致并且可口。有活力且无瑕疵的干净口感有着瓜果、核果的口味，讨人喜欢的绒毛般的口感。它的回味平衡并且鲜明。

约翰路德池赤霞珠（库拉瓦拉）
John Riddoch Cabernet Sauvignon (Coonawarra)

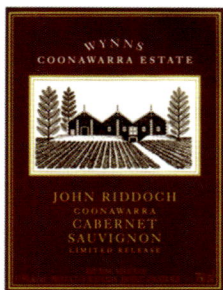

当前年份：2005年　96/100

最佳饮用时期：2017－2025+

　　格外的融合、完整、优雅，它有着层次深厚、浓郁的香气和口味。扑鼻的紫罗兰、鸢尾花瓣的香味引领出一个持久、紧实和完美的口感，灵巧地把迷人的黑莓、醋栗、黑李子的口味同黑巧克力、香草、雪松般的橡木风味交织在一起。同时伴随着暗藏着的干香料和黑橄榄，以及由精致单宁构成的坚实的骨架。它的余味以带着酸味的边框和平衡、持久的带核水果味为主。

雷司令（库拉瓦拉）　*Riesling (Coonawarra)*

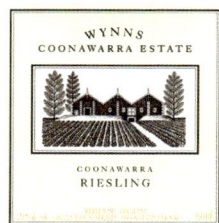

当前年份：2007年　89/100

最佳饮用时期：2012－2015

　　一个大方丰富，但是依然脆爽的口感定义出这款雷司令的风味。在少许糖果和热带水果的影响下，它表现出如同冰霜风味的柠檬、青柠的水果口味。这是一款持续、有矿物质感，带着宜人的紧凑感和酸味的葡萄酒。

西拉（库拉瓦拉）　*Shiraz (Coonawarra)*

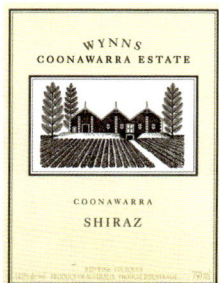

当前年份：2006年　91/100

最佳饮用时期：2014－2018

　　具有黑色水果气息，风格独特，精美打造出的西拉带着胡椒风味和香气。它把有活力的、强烈的覆盆子、红李子、醋栗、黑巧克力的口味和雪松、香草般的橡木风味结合在一起，同时伴随着柔顺但是紧实、干的单宁。带着紫罗兰的气息，它的口感呈现出柔和、光滑、多汁并且成熟均匀的特点。口感持续长久并且完整。酒体适中偏重，有着非常精致的平衡感和区域特征。

Yalumba 御兰堡

历史悠久的御兰堡酒庄在不同的洲和地区都拥有自己的葡萄园。而御兰堡的品牌形象就建立在这些葡萄园之上。其中包括御兰堡和The Menzies这两个品牌。御兰堡的葡萄酒主要由布诺萨的品种酿制而成（有时也会选用伊顿谷产区的葡萄），而The Menzies的产品则选用库拉瓦拉的品种酿制而成。如今，御兰堡推出了一些上等的雷司令和维欧尼，口感畅快的出色区域级红酒和白葡萄酒。此外，酒厂还酿制了一些人工采摘的精选红酒和一些橡木味丰富的精致布诺萨红酒。

Eden Valley Road, Angaston SA 5353. 电话: (08) 8561 3200. 传真: (08) 8561 3393.
网址: www.yalumba.com 邮箱: info@yalumba.com
地区: 布诺萨山谷（Barossa），库拉瓦拉（Coonawarra），
    伊顿谷（Eden Valley），阿德莱德山（Adelaide Hills）
酿酒师: Louisa Rose, Peter Gambetta, Kevin Glastonbury, Andrew LaNauze
葡萄栽培师: Robin Nettelbeck   执行总裁: Robert Hill Smith

手工采摘西拉维欧尼（布诺萨山谷）
Hand Picked Shiraz Viognier (Barossa)

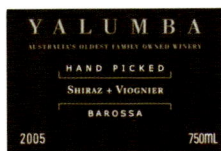

当前年份: 2005年 88/100

最佳饮用时期: 2007-2010+

　　稍显热化的、不成熟的水果味，缺少带有个性的着重点，这款年轻的葡萄酒有着肉香、可口和温热的酒精的特点。它以糖果般的形式呈现出覆盆子、醋栗、丁香和肉桂的，并且有着麝香和花香般的香味。它的口感具有一定的持久力，有着烟薰、巧克力般的橡木风味的支持，但是却稍稍有些干。余味带着少许的薄荷和薄荷脑的气息。

The Menzies赤霞珠（库拉瓦拉）
The Menzies Cabernet Sauvignon (Coonawarra)

当前年份: 2005年 88/100

最佳饮用时期: 2007-2010+

这是一款非常自信、口味丰富的赤霞珠。它丰满、华丽、成熟的李子、黑莓和醋栗的口味在带有香甜、稍稍烘焙过的香草般的橡木风味的衬托下，稍稍有些青草的口感。在精致、粉末状单宁和光滑的橡木风味的支撑下，它的口感柔顺、完整、持久。余味由持续的黑色水果和少许的炭墨的风味构成。它正好处在没有被加热过分的边缘。

八音桶西拉（布诺萨山谷）The Octavius Shiraz (Barossa)

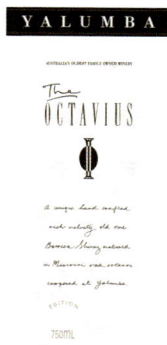

当前年份：2004年　97/100

最佳饮用时期：2016-2024+

这是一款最高级的布诺萨西拉。它以活力、花香、辛辣的形势展示着黑色及红色浆果、香甜的香草、巧克力般的橡木风味以及少许的摩卡气息。强有力的浓郁但是却惊人的优雅、柔顺、丝滑，它的口感持续长久，并且完整无缺。以惊人的鲜明和强烈表现着在烟熏过的小橡木桶里陈酿过的葡萄的香气。它在精巧的、干的、带有骨感的单宁的作用下，显得非常的持久。

标志赤霞珠西拉（布诺萨山谷）
The Signature Cabernet Sauvignon & Shiraz (Barossa)

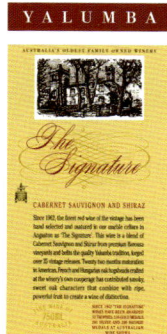

当前年份：2004年　97/100

最佳饮用时期：2016-2024+

内敛，让人沉思。这是款经典的，富有黑色水果味的混合酒。它以辛辣形势体现了黑色浆果、李子、黑巧克力、胡椒、丁香和甘草的香气。而雪松、香草般的橡木风味、矿物质感和咖啡香气则给予了衬托作用。持久的口感，带有粉尘的气息，也有着丛林水果和烟熏橡木的风味。而紧实、精巧的单宁则给予酒体支撑。它的余味持续、浓郁，有着持久的巧克力般的水果味和少许的蜜糖味。

Yellowtail 黄尾袋鼠

黄尾袋鼠是现代葡萄酒产业的一个奇迹。作为澳洲第一个用动物来做酒标的葡萄酒，黄尾袋鼠在美国上市不久即获得了巨大的成功。该品牌的葡萄酒散发着成熟浓郁的香气，入口略带甜味，非常符合美国人的口味。如今它已经成为国际葡萄酒品牌，隶属岩达产区（位于新南威尔士的河地）的卡塞拉公司。

Casella Wines, Wakley Road, Yenda NSW 2681
电话: (02) 6961 3000. 传真: (02) 6961 3099.
网址: www.casellawines.com 邮箱: info@casellawines.com
地区: 来自各个产区酿酒师: Alan Kennett执行总裁: John Casella

赤霞珠（来自各个产区） *Cabernet Sauvignon (Various)*

当前年份：2007年　88/100

最佳饮用时期：2009-2012

此酒成熟良好，带橡木味，易饮，有肉味和黑洋李及浆果的泥土气息，并伴着一丝烧烤、雪松香气和巧克力般的橡木味。果味丰富，略带生涩感。结构紧实但口感略干。

霞多丽 （来自各个产区） *Chardonnay (Various)*

当前年份：2007年　86/100

最佳饮用时期：2008-2009

此酒带有橙子皮、柚子的烘烤香气。奶油、黄油以及蜂蜜的甜美香气带来圆润甘美的口感，入口后带有成熟多汁的果味和明显的橡木味。此酒复杂度欠缺但却十分大气，虽然口感的持久度不够，但是余味带有绵长的瓜类和腰果的气息。

梅鹿辄 （来自各个产区） *Merlot (Various)*

当前年份： 2007年　87/100

最佳饮用时期： 2009–2012

　　此酒口感宜人、浓郁多汁，散发着黑樱桃、李子和甜香草的香气。口感紧致、带有涩感。十分甘美，结构惊人地良好，现在就可饮用。

西拉（来自各个产区） *Shiraz (Various)*

当前年份： 2007年　88/100

最佳饮用时期： 2009–2012

　　此酒散发出的活泼、类似枣子、浓郁的黑莓和红色浆果的香气与辛辣的甜橡木味相得益彰。口感持久、结构饱满紧实。余味带涩感，稍甜一些会更好。是一支非常开放、大气、易饮、不复杂的葡萄酒。

Yering Station　优伶酒庄

　　优伶酒庄是雅拉谷中最让人印象深刻的新型酿酒厂和旅游景点。它毫无疑问已经为自己设定了很高的目标。它两个餐酒系列——葡萄品种系列和珍藏系列，提供给消费者价格合理的、可亲近的和精致的葡萄酒。我本人的最爱是MVR，由隆河谷的葡萄品种混和而成的白葡萄酒。

38 Melba Highway, Yering Vic 3775. 电话: (03) 9730 0100. 传真: (03) 9739 0135. 网址: www.yering.com　邮箱: info@yering.com地区: 雅拉谷 （Yarra Valley）
酿酒师: Willi Lunn 葡萄栽培师: John Evans 执行总裁: Gordon Gebbie

霞多丽 （雅拉谷） *Chardonnay (Yarra Valley)*

当前年份： 2005年　90/100

最佳饮用时期： 2007–2010

　　可衡量的、内敛，这是一个有着讨人喜欢口味的年轻霞多丽。它以带着轻盈的花香形势表现出新鲜桃子、瓜果

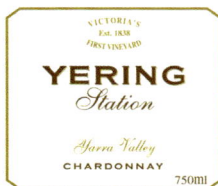

和柚子的香味，同时有着少许的辛辣，以及尘土、坚果和香草般橡木风味的衬托。它的口感持续、柔顺、匀称，有着柔和的橡木风味和丰富的辛辣以及持久的水果。它有着诱人的绒毛质感。而余味则是柔和、清新的酸味。

MVR玛珊 维欧尼 胡珊 （雅拉谷）
MVR Marsanne Viognier Roussanne (Yarra Valley)

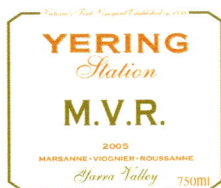

当前年份：2006年　91/100

最佳饮用时期：2008－2011+

　　这是一款优美、新鲜、可口的隆河谷类型的混合葡萄酒。它带着花香和柠檬的香气，伴随着麝香的辛辣、核果、杏仁和奶油杏仁糖的风味。它同时呈现着少量具有平衡感的、旧橡木桶的风味。柔和、有活力，它绒毛般匀称的口感把新鲜、有坚果香气的水果味包裹在清新的酸味中。余味是柔软的，带有奶香的。

黑比诺 （雅拉谷） *Pinot Noir (Yarra Valley)*

当前年份：2005年　87/100

最佳饮用时期：2007－2010

　　具有衍化过的气息和肉香，这款带着烟熏气息，是相对比较粗糙并且带有马棚特征的黑比诺。在香甜香草、摩卡般的橡木香气下，它樱桃和李子的香气显得比较突出。它的口味直接，带有皮草的风味。递进的泥土芬芳和有质量的皮草芳香，它柔顺的口感镶嵌着少许生硬有棱角的单宁。

精选黑比诺 （雅拉谷） *Reserve Pinot Noir (Yarra Valley)*

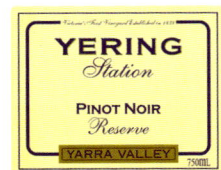

当前年份：2005年　92/100

最佳饮用时期：2010－2013

　　一个相对优美、精致的年轻黑比诺，它带着收敛的姿态表现出覆盆子、樱桃和李子般的水果味。它黏口的新橡木风味显得过于张扬而不是香甜，以及紧实的单宁让人对它敬而远之。芳香馥郁、带着持久的以活跃水果为中心的口感，使得它看上去能在窖藏过程中丰满、厚实它的酒体。最终显示出它强大的实力。

精选西拉维欧尼（雅拉谷）
Reserve Shiraz Viognier (Yarra Valley)

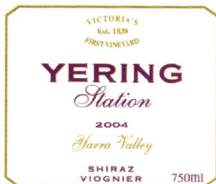

当前年份：2005年　92/100

最佳饮用时期：2010−2013+

　　带着醇香、麝香般的香气，它有着紫罗兰和白胡椒的香气。在蓝莓、醋栗、黑莓和光滑的雪松、香草般的橡木风味的支持下，它表现出内敛的、高雅的口感。它的酒体适中偏厚，有着粉尘般、干的单宁作为框架。它多层次的，具有强烈的黑莓、李子的水果味表现出少许的果酱风味和温热的酒精气息。它的回味持久，有着少许的矿物质感。只是稍稍有些葡萄成熟过度的迹象。

西拉维欧尼（雅拉谷）　*Shiraz Viognier (Yarra Valley)*

当前年份：2006年　92/100

最佳饮用时期：2011−2014

　　这款具有辛辣、肉香特色的北隆河谷类型的混合酒，以略带薄荷的形势表现出香甜醋栗、黑莓、桑葚的水果口味。而浓郁的肉桂、丁香和黑胡椒的风味起到修饰的作用。在柔顺、奶香的橡木和精巧的、粉末状的单宁的支持下，它的酒体适中偏厚，口感持久，有活力。它的回味可口、带有持久的肉香。

索引

声　明

　　本书涉及的葡萄品种名称以及地区名称的翻译以WSET初级译名为准，WSET初级中未提及的品种名称及地区名称则参考Wine Australia的翻译。为了避免不必要的误解以及困惑，我们保留了本书涉及的酒庄名称、酒标名称。

致 谢

　　本书的出版得到了各界人士的大力支持。作为作者，我要在此特别感谢以下朋友，感谢他们给予我的无私帮助。

　　我要感谢圣皮尔精品酒业的David Andrews和Marc-Antoine Jolly，以及该公司为本书提供翻译的林静、严轶韵、华志远和尤益忠。澳大利亚葡萄酒和白兰地管理局（AWBC）阿德莱德总部的Paul Henry、Ali Hogarth、Lucy Anderson和Stacey Hill，为本书提供了市场推广支持、图片和随附的《澳大利亚：世界一流》中英文DVD，在此我表示衷心感谢。还有AWBC驻上海的颜晓燕，不但为本书提供了中国葡萄酒市场信息，更大力参与了本书的文稿编审，为文字生色不少。我还要感谢墨尔本ASIANA餐厅的Randolph Cheung，他为本书提供了葡萄酒与不同中国美食搭配的建议。Foster's葡萄酒公司、Constellation葡萄酒公司及Tahbilk葡萄酒公司为本书提供了相关图片。感谢《美食与美酒》杂志的殷智莉为我与北京时尚博闻图书有限公司建立了联系。

　　我还要感谢博闻图书的柴维娜，她为本书提供了别有新意的设计。最后尤其感谢博闻图书的潘洋，在不断地探讨过程中帮助我形成了撰写本书的框架和概念，并在本书编写过程中给予了大力支持。